新兴产业和高新技术现状与前景研究丛书

总主编　金　碚　李京文

软件技术及系统
现状与应用前景

张大坤　主编

朱郑州　孙　杰　副主编

RUANJIAN JISHU JI XITONG
XIANZHUANG YU YINGYONG QIANJING

SPM
南方出版传媒
广东经济出版社
·广州·

图书在版编目（CIP）数据

软件技术及系统现状与应用前景／张大坤主编．—广州：广东经济出版社，2015.5

（新兴产业和高新技术现状与前景研究丛书）

ISBN 978－7－5454－3643－3

Ⅰ．①软…　Ⅱ．①张…　Ⅲ．①软件－技术发展－研究②软件工程－研究　Ⅳ．①TP31②TP311.5

中国版本图书馆CIP数据核字（2014）第247215号

出版发行	广东经济出版社（广州市环市东路水荫路11号11～12楼）
经销	全国新华书店
印刷	中山市国彩印刷有限公司 （中山市坦洲镇彩虹路3号第一层）
开本	730毫米×1020毫米　1/16
印张	16
字数	278 000字
版次	2015年5月第1版
印次	2015年5月第1次
书号	ISBN 978－7－5454－3643－3
定价	35.00元

如发现印装质量问题，影响阅读，请与承印厂联系调换。

发行部地址：广州市环市东路水荫路11号11楼

电话：（020）38306055　37601950　邮政编码：510075

邮购地址：广州市环市东路水荫路11号11楼

电话：（020）37601980　邮政编码：510075

营销网址：http：//www·gebook．com

广东经济出版社常年法律顾问：何剑桥律师

“新兴产业和高新技术现状与前景研究”丛书编委会

原　磊　中国社会科学院工业经济研究所工业运行研究室主任、副研究员

陈　志　中国科学技术发展战略研究院副研究员

史岸冰　华中科技大学基础医学院教授

吴伟萍　广东省社会科学院产业经济研究所副所长、研究员

燕雨林　广东省社会科学院产业经济研究所研究员

张栓虎　广东省社会科学院产业经济研究所副研究员

邓江年　广东省社会科学院产业经济研究所副研究员

杨　娟　广东省社会科学院产业经济研究所副研究员

柴国荣　兰州大学管理学院教授

梅　霆　西北工业大学理学院教授

刘贵杰　中国海洋大学工程学院机电工程系主任、教授

杨　光　北京航空航天大学机械工程及自动化学院工业设计系副教授

迟远英　北京工业大学经济与管理学院教授

王　江　北京工业大学经济与管理学院副教授

张大坤　天津工业大学计算机科学系教授

朱郑州　北京大学软件与微电子学院副教授

杨　军　西北民族大学现代教育技术学院副教授

赵肃清　广东工业大学轻工化工学院教授

袁清珂　广东工业大学机电工程学院副院长、教授

黄　金　广东工业大学材料与能源学院副院长、教授

莫松平　广东工业大学材料与能源学院副教授

王长宏　广东工业大学材料与能源学院副教授

总 序

人类数百万年的进化过程，主要依赖于自然条件和自然物质，直到五六千年之前，由人类所创造的物质产品和物质财富都非常有限。即使进入近数千年的“文明史”阶段，由于除了采掘和狩猎之外人类尚缺少创造物质产品和物质财富的手段，后来即使产生了以种植和驯养为主要方式的农业生产活动，但由于缺乏有效的技术手段，人类基本上没有将“无用”物质转变为“有用”物质的能力，而只能向自然界获取天然的对人类“有用”之物来维持低水平的生存。而在缺乏科学技术的条件下，自然界中对于人类“有用”的物质是非常稀少的。因此，据史学家们估算，直到人类进入工业化时代之前，几千年来全球年人均经济增长率最多只有0.05%。只有到了18世纪从英国开始发生的工业革命，人类发展才如同插上了翅膀。此后，全球的人均产出（收入）增长率比工业化之前高10多倍，其中进入工业化进程的国家和地区，经济增长和人均收入增长速度数十倍于工业化之前的数千年。人类今天所拥有的除自然物质之外的物质财富几乎都是在这200多年的时期中创造的。这一时期的最大特点就是：以持续不断的技术创新和技术革命，尤其是数十年至近百年发生一次的“产业革命”的方式推动经济社会的发展。[①] 新产业和新技术层出不穷，人类发展获得了强大的创造能力。

---

① 产业革命也称工业革命，一般认为18世纪中叶（70年代）在英国产生了第一次工业革命，逐步扩散到西欧其他国家，其技术代表是蒸汽机的运用。此后对世界所发生的工业革命的分期有多种观点。一般认为，19世纪中叶在欧美等国发生第二次工业革命，其技术代表是内燃机和电力的广泛运用。第二次世界大战结束后的20世纪50年代，发生了第三次工业革命，其技术代表是核技术、计算机、电子信息技术的广泛运用。21世纪以来，世界正在发生又一次新工业革命（也有人称之为“第三次工业革命”，而将上述第二、第三次工业革命归之为第二次工业革命），其技术代表是新能源和互联网的广泛运用。也有人提出，世界正在发生的新工业革命将以制造业的智能化尤其是机器人和生命科学为代表。

当前，世界又一次处于新兴产业崛起和新技术将发生突破性变革的历史时期，国外称之为“新工业革命”或“第三次工业革命”“第四次工业革命”，而中国称之为“新型工业化”“产业转型升级”或者“发展方式转变”。其基本含义都是：在新的科学发现和技术发明的基础上，一批新兴产业的出现和新技术的广泛运用，根本性地改变着整个社会的面貌，改变着人类的生活方式。正如美国作者彼得·戴曼迪斯和史蒂芬·科特勒所说：“人类正在进入一个急剧的转折期，从现在开始，科学技术将会极大地提高生活在这个星球上的每个男人、女人与儿童的基本生活水平。在一代人的时间里，我们将有能力为普通民众提供各种各样的商品和服务，在过去只能提供给极少数富人享用的那些商品和服务，任何一个需要得到它们、渴望得到它们的人，都将能够享用它们。让每个人都生活在富足当中，这个目标实际上几乎已经触手可及了。”“划时代的技术进步，如计算机系统、网络与传感器、人工智能、机器人技术、生物技术、生物信息学、3D 打印技术、纳米技术、人机对接技术、生物医学工程，使生活于今天的绝大多数人能够体验和享受过去只有富人才有机会拥有的生活。”①

在世界新产业革命的大背景下，中国也正处于产业发展演化过程中的转折和突变时期。反过来说，必须进行产业转型或“新产业革命”才能适应新的形势和环境，实现绿色化、精致化、高端化、信息化和服务化的产业转型升级任务。这不仅需要大力培育和发展新兴产业，更要实现高新技术在包括传统产业在内的各类产业中的普遍运用。

我们也要清醒地认识到，20 世纪 80 年代以来，中国经济取得了令世界震惊的巨大成就，但是并没有改变仍然属于发展中国家的现实。发展新兴产业和实现产业技术的更大提升并非轻而易举的事情，不可能一蹴而就，而必须拥有长期艰苦努力的决心和意志。中国社会科学院工业经济研究所的一项研究表明：中国工业的主体部分仍处于国际竞争力较弱的水平。这项研究把中国工业制成品按技术含量低、中、高的次序排列，发现国际竞争力大致呈 U 形分布，即两头相对较高，而在统计上分类为“中技术”的行业，例如化工、材料、机械、电子、精密仪器、交通设备等，国际竞争力显著较低，而这类产业恰恰是工业的主体和决定工业技术整体素质的关键基础部门。如果这类产业竞争力不

---

① 【美】彼得·戴曼迪斯，史蒂芬·科特勒. 富足：改变人类未来的 4 大力量. 杭州：浙江大学出版社，2014.

强，技术水平较低，那么“低技术”和“高技术”产业就缺乏坚实的基础。即使从发达国家引入高技术产业的某些环节，也是浅层性和“漂浮性”的，难以长久扎根，而且会在技术上长期受制于人。

中国社会科学院工业经济研究所专家的另一项研究还表明：中国工业的大多数行业均没有站上世界产业技术制高点。而且，要达到这样的制高点，中国工业还有很长的路要走。即使是一些国际竞争力较强、性价比较高、市场占有率很大的中国产品，其核心元器件、控制技术、关键材料等均须依赖国外。从总体上看，中国工业品的精致化、尖端化、可靠性、稳定性等技术性能同国际先进水平仍有较大差距。有些工业品在发达国家已属“传统产业”，而对于中国来说还是需要大力发展的“新兴产业”，许多重要产品同先进工业国家还有几十年的技术差距，例如数控机床、高端设备、化工材料、飞机制造、造船等，中国尽管已形成相当大的生产规模，而且时有重大技术进步，但是，离世界的产业技术制高点还有非常大的距离。

产业技术进步不仅仅是科技能力和投入资源的问题，攀登产业技术制高点需要专注、耐心、执着、踏实的工业精神，这样的工业精神不是一朝一夕可以形成的。目前，中国企业普遍缺乏攀登产业技术制高点的耐心和意志，往往是急于“做大”和追求短期利益。许多制造业企业过早走向投资化方向，稍有成就的企业家都转而成为赚快钱的“投资家”，大多进入地产业或将“圈地”作为经营策略，一些企业股票上市后企业家急于兑现股份，无意在实业上长期坚持做到极致。在这样的心态下，中国产业综合素质的提高和形成自主技术创新的能力必然面临很大的障碍。这也正是中国产业综合素质不高的突出表现之一。我们不得不承认，中国大多数地区都还没有形成深厚的现代工业文明的社会文化基础，产业技术的进步缺乏持续的支撑力量和社会环境，中国离发达工业国的标准还有相当大的差距。因此，培育新兴产业、发展先进技术是摆在中国产业界以至整个国家面前的艰巨任务，可以说这是一个世纪性的挑战。如果不能真正夯实实体经济的坚实基础，不能实现新技术的产业化和产业的高技术化，不能让追求技术制高点的实业精神融入产业文化和企业愿景，中国就难以成为真正强大的国家。

实体产业是科技进步的物质实现形式，产业技术和产业组织形态随着科技进步而不断演化。从手工生产，到机械化、自动化，现在正向信息化和智能化方向发展。产业组织形态则在从集中控制、科层分权，向分布式、网络化和去中心化方向发展。产业发展的历史体现为以蒸汽机为标志的第一次工业革命、以电力和自动化为标志的第二次工业革命，到以计算机和互联网为标志的第三次工业革命，再到以人工智能和生命科学为标志的新工业革命（也有人称之为“第四次工业革命”）的不断演进。产业发展是人类知识进步并成功运用于生产性创造的过程。因此，新兴产业的发展实质上是新的科学发现和技术发明以及新科技知识的学习、传播和广泛普及的过程。了解和学习新兴产业和高新技术的知识，不仅是产业界的事情，而且是整个国家全体人民的事情，因为，新产业和新技术正在并将进一步深刻地影响每个人的工作、生活和社会交往。因此，编写和出版一套关于新兴产业和新产业技术的知识性丛书是一件非常有意义的工作。正因为这样，我们的这套丛书被列入了2014年的国家出版工程。

我们希望，这套丛书能够有助于读者了解和关注新兴产业发展和高新产业技术进步的现状和前景。当然，新兴产业是正在成长中的产业，其未来发展的技术路线具有很大的不确定性，关于新兴产业的新技术知识也必然具有不完备性，所以，本套丛书所提供的不可能是成熟的知识体系，而只能是形成中的知识体系，更确切地说是有待进一步检验的知识体系，反映了在新产业和新技术的探索上现阶段所能达到的认识水平。特别是，丛书的作者大多数不是技术专家，而是产业经济的观察者和研究者，他们对于专业技术知识的把握和表述未必严谨和准确。我们希望给读者以一定的启发和激励，无论是“砖”还是“玉”，都可以裨益于广大读者。如果我们所编写的这套丛书能够引起更多年轻人对发展新兴产业和新技术的兴趣，进而立志投身于中国的实业发展和推动产业革命，那更是超出我们期望的幸事了！

金　碚

2014年10月1日

前 言

软件（Software），是计算机系统的重要组成部分，只有当软件在计算机硬件中运行时，系统才能正常工作进而实现特定的功能。如果把硬件比作人的身躯，那么软件就是人的灵魂或大脑，没有软件的计算机系统就如同僵尸一般。

随着信息技术，特别是互联网技术的发展，计算的范畴不断扩大，软件的内涵也随之深化。软件不仅包括在传统的大型机、小型机以及PC机中运行的软件，还包括在各种各样的移动设备、终端设备、可穿戴设备、智能设备以及网络中运行的软件；软件具有演化性和渗透性，随着数字化、网络化、移动化、融合化、智能化以及服务化的发展，软件变得无处不在。正如Netscape创始人、硅谷著名投资人马克·安德森（Marc Andreessen）所说："软件正在吞噬整个世界。"

21世纪以来，软件技术蓬勃发展，软件产业已经成为国家基础性、战略性的支柱产业，受到国家的高度重视。我国政府先后出台了多项优先发展软件产业的政策，推动了我国软件产业的快速发展，我国软件产业走过了十年黄金发展期；近年来，移动互联网、物联网、云计算等新技术不断涌现，特别是大数据呼啸而来，冲破了信息技术的疆界，引起了全社会广泛而高度的重视。信息技术的第三次浪潮已经到来，软件产业迎来了新的历史发展机遇与重大技术变革的挑战。在以往的信息技术变革中，我国一直都是跟随者，而在这次信息浪潮中，我国首次与世界的发展水平差距最小，有些方面可以说已走在了前列。在这样一个转折的历史时刻，对软件技术及系统的发展现状与应用前景进行梳理，具有重要的现实意义和深远的历史意义。

本书共有四篇十七章，第一篇为软件概论、第二篇为基础软件、第三篇为应用软件、第四篇为热点与关键技术。本书突出了移动互联网、物联网、云计算以及大数据等热点技术，并在每章之后增加了一个知识卡片。

张大坤提出本书的编写大纲，编写了第1~4、第10、第13~17章，并对全部章节进行了审核；朱郑州编写了第5~9、第12章和第11章部分内容；孙杰整理了全书的知识卡片并参加了第11、第17章部分内容的编写。在本书的编写过程中，北京大学信息科学技术学院王亚沙教授对大纲的制定、书稿审核均给予了很大的帮助，在此表示衷心感谢。对武汉大学计算机学院李兵教授在资料提供上的帮助，对宋国治、李媛媛老师在书稿最后审核中给予的帮助，对黄翠、唐怀印等研究生在书稿录入和图表绘制中给予的帮助均表示由衷的谢意。对在完成书稿中所有给予支持和鼓励的亲朋好友一并表示感谢。特别感谢广东经济出版社在书稿撰写整个过程中所给予的帮助！

由于我们的水平极为有限加之时间仓促，难以把握所写内容的深度和广度，本书如果能对各行各业的决策者和相关技术人员有一点参考作用的话，我们将倍感欣慰，内容如有不当之处，敬请各位批评指正。

作者

2014年9月9日

目　　录

第一篇　吞噬世界——软件概论

第一章　计算机——软件运行环境 ………………………………… (003)
　一、计算机简介 ……………………………………………………… (003)
　二、计算机的更新换代 ……………………………………………… (010)
　三、计算机的发展趋势 ……………………………………………… (015)
　四、软件运行环境的变迁 …………………………………………… (016)
　五、知识卡片（一）图灵奖…………………………………………… (018)
第二章　软件基础知识 ………………………………………………… (019)
　一、软件定义及特点 ………………………………………………… (019)
　二、软件的分类及发展 ……………………………………………… (021)
　三、软件的应用 ……………………………………………………… (025)
　四、软件宝塔图 ……………………………………………………… (028)
　五、知识卡片（二）阿兰·麦席森·图灵…………………………… (031)
第三章　软件工程技术 ………………………………………………… (032)
　一、软件技术 ………………………………………………………… (032)
　二、软件工程 ………………………………………………………… (035)
　三、软件工程技术大会 ……………………………………………… (040)
　四、软件工程技术的发展趋势 ……………………………………… (043)
　五、知识卡片（三）冯·诺依曼……………………………………… (045)
第四章　软件产业 ……………………………………………………… (046)
　一、软件产业概述 …………………………………………………… (046)

二、软件产业模式 ……………………………………………………… (052)
三、软件产业现状 ……………………………………………………… (054)
四、软件产业未来发展趋势 …………………………………………… (058)
五、知识卡片（四）摩尔定律 ………………………………………… (062)

第二篇　信息灵魂——基础软件

第五章　操作系统 ……………………………………………………… (065)
一、操作系统概述 ……………………………………………………… (065)
二、OS 相关技术 ……………………………………………………… (068)
三、OS 发展现状 ……………………………………………………… (071)
四、OS 的发展趋势 …………………………………………………… (072)
五、智能手机 OS 的发展趋势 ………………………………………… (073)
六、知识卡片（五）吉尔德定律 ……………………………………… (074)
第六章　计算机程序设计语言 ………………………………………… (075)
一、程序设计语言概述 ………………………………………………… (075)
二、典型的程序设计语言 ……………………………………………… (079)
三、程序设计语言发展现状 …………………………………………… (081)
四、程序设计语言发展趋势 …………………………………………… (083)
五、知识卡片（六）约翰·巴克斯 …………………………………… (085)
第七章　数据库技术 …………………………………………………… (086)
一、数据库概述 ………………………………………………………… (086)
二、DB 相关技术 ……………………………………………………… (090)
三、DB 发展现状 ……………………………………………………… (092)
四、DB 发展趋势与应用前景 ………………………………………… (093)
五、知识卡片（七）尼古拉斯·沃斯 ………………………………… (096)
第八章　中间件 ………………………………………………………… (097)
一、中间件概述 ………………………………………………………… (097)
二、中间件相关技术 …………………………………………………… (099)
三、中间件发展现状 …………………………………………………… (101)
四、中间件发展趋势 …………………………………………………… (103)
五、知识卡片（八）比尔·盖茨 ……………………………………… (106)

第三篇　渗透融合——应用软件

第九章　工业软件 …………………………………………………………… (109)
一、工业软件概述 …………………………………………………… (109)
二、典型的工业软件 ………………………………………………… (111)
三、工业软件发展现状 ……………………………………………… (113)
四、工业软件发展趋势 ……………………………………………… (115)
五、知识卡片（九）史蒂夫·保罗·乔布斯………………………… (116)
第十章　图像技术与软件 ………………………………………………… (117)
一、图像技术与软件概述 …………………………………………… (117)
二、图像技术相关问题 ……………………………………………… (120)
三、图像技术与软件发展现状 ……………………………………… (122)
四、图像技术发展趋势与应用前景 ………………………………… (124)
五、知识卡片（十）姚期智…………………………………………… (125)
第十一章　安全软件 ……………………………………………………… (126)
一、安全软件概述 …………………………………………………… (126)
二、安全软件相关技术 ……………………………………………… (128)
三、安全软件发展现状 ……………………………………………… (129)
四、安全软件的发展趋势 …………………………………………… (130)
五、知识卡片（十一）王选…………………………………………… (130)
第十二章　企业管理信息系统 …………………………………………… (131)
一、企业管理信息系统概述 ………………………………………… (131)
二、EMIS 的相关技术 ……………………………………………… (135)
三、EMIS 发展现状 ………………………………………………… (135)
四、ERP 发展趋势…………………………………………………… (135)
五、知识卡片（十二）张效祥………………………………………… (136)

第四篇　引领未来——热点与关键技术

第十三章　移动互联网 …………………………………………………… (139)
一、移动互联网概述 ………………………………………………… (139)

二、移动互联网相关技术 …………………………………………………（144）
三、移动互联网发展现状 …………………………………………………（147）
四、移动互联网发展趋势与应用前景 ……………………………………（153）
五、知识卡片（十三）夏培肃……………………………………………（158）
第十四章　物联网 ……………………………………………………………（159）
一、物联网概述 ……………………………………………………………（159）
二、IOT 的相关技术 ………………………………………………………（163）
三、IOT 发展现状 …………………………………………………………（167）
四、IOT 发展趋势及应用前景 ……………………………………………（171）
五、知识卡片（十四）徐家福……………………………………………（174）
第十五章　云计算……………………………………………………………（175）
一、云计算概述 ……………………………………………………………（175）
二、云计算的核心技术 ……………………………………………………（184）
三、云计算发展现状 ………………………………………………………（189）
四、云计算发展趋势与应用前景 …………………………………………（192）
五、知识卡片（十五）杨芙清……………………………………………（197）
第十六章　大数据 ……………………………………………………………（198）
一、大数据概述 ……………………………………………………………（198）
二、大数据相关技术 ………………………………………………………（204）
三、大数据发展现状 ………………………………………………………（208）
四、大数据发展趋势与应用前景 …………………………………………（212）
五、知识卡片（十六）天河二号…………………………………………（217）
第十七章　其他热点与关键技术 ……………………………………………（218）
一、智能语音 ………………………………………………………………（218）
二、社交网络 ………………………………………………………………（222）
三、量子计算 ………………………………………………………………（225）
四、移动增强现实技术 ……………………………………………………（230）
五、知识卡片（十七）量子反常霍尔效应………………………………（234）
参考文献 ………………………………………………………………………（235）

第一篇

吞噬世界——软件概论

软件即计算机软件（Computer Software），是计算机系统的重要组成部分，是一系列按照特定顺序组织的计算机数据和指令的集合，是计算机系统的核心与灵魂。只有当软件在计算机硬件中运行时，系统才能正常工作进而实现特定的功能。随着信息技术，特别是互联网技术的发展，计算的范畴不断扩大，软件的内涵也随之深化。软件不仅包括在传统的大型机、小型机以及 PC 机中运行的软件，还包括在各种各样的移动设备、终端设备、可穿戴设备、智能设备以及网络中运行的软件；软件具有很强的演化性和渗透性，随着数字化、网络化、移动化、融合化、智能化以及服务化的发展，软件变得无处不在。正如 Netscape 创始人、硅谷著名投资人马克·安德森（Marc Andreessen）所说："软件正在吞噬整个世界。"

第一章　计算机——软件运行环境

软件只有在计算环境（硬件，Hardware）中运行才有意义，最初的软件完全依附于硬件，随着计算机硬件系统规模的扩大、性能的提高，软件从计算机硬件系统中分离出来，成为一门独立的学科，并逐渐发展成为一个产业。软件伴随运行环境的发展而发展，谈到软件的发展，有必要先对软件运行硬件环境的发展做一简单回顾。

一、计算机简介

人类利用各种工具辅助运算已有数千年的历史，经历了手工操作、机械计算机和电子计算机等几个时代。电子计算机又分为：数字计算机（Digital Computer）、模拟计算机（Analogue Computer）和混合计算机（Hybrid Computer）。

1. 早期的计算工具

在电子计算机出现之前，人们已发明和使用了许多计算工具，如最早账房里使用的方格布、算盘、计算尺和各种机械计算机，见表 1－1。

表 1－1　早期的计算工具

时间	计算方式	发明者	特　点	图　示
数千年前	算盘	中国人	用木质框架及珠柱构成，柱上串有算珠，以算珠的排列位置作为计数结果	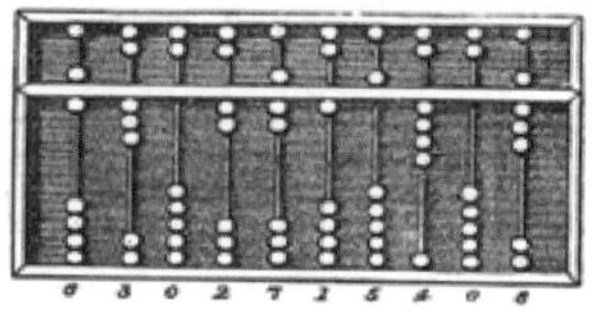

（续表）

时间	计算方式	发明者	特　点	图　示
1614 年	纳皮尔的骨头计算器	苏格兰数学家纳皮尔	发现利用加减计算乘除的方法，从而发明了对数。制作第一张对数表需要进行大量的乘法运算，而一条物理线的距离或区间可表示真数，于是他设计出骨头协助计算器	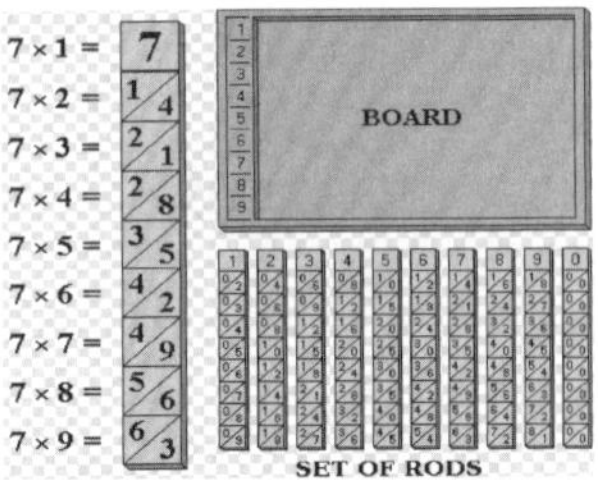
1623 年	机械式计算器	德国科学家施卡德	世界上第一部机械式计算器，采用改良自时钟的齿轮技术，能进行 6 位数的加减并经由钟声输出答案，因此又称为“算数钟”	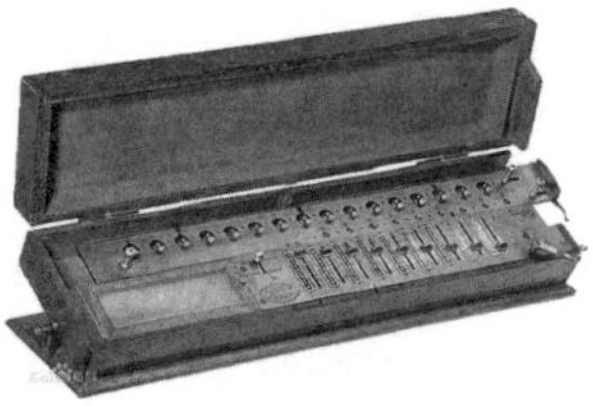
1633 年	计算尺	英国牧师奥特雷德	利用对数基础发明出一种圆形计算工具比例环，后来逐渐演变成近代熟悉的计算尺。计算尺在许多年后被广泛应用	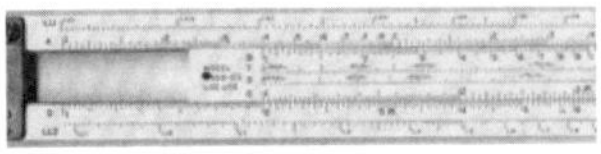
1642 年	滚轮式加法器	法国数学家帕斯卡	这是帕斯卡为身为税务员的父亲发明的滚轮式加法器，通过转盘进行加法运算	
1673 年	步进计算器	德国数学家莱布尼茨	使用阶梯式圆柱齿轮对滚轮式加法器加以改良，制作出可以做四则运算的步进计算器	
1820 年—	汤玛斯计算器	法国人汤玛斯	以莱布尼茨的设计为基础，量产可做四则运算的机械式计算器——汤玛斯计算器。至 1970 年的 150 年间，有十进制的加法机、康普托、门罗以及科塔计算器等相继问世	无

（续表）

时间	计算方式	发明者	特　　点	图　　示
1822 年	第一台差分机	巴贝奇	可以处理 3 个不同的 5 位数，计算精度达到 6 位小数，能够演算出几种函数表	
1822 年	第二台差分机	巴贝奇	约 25000 个零件（误差要求不超过每英寸千分之一）、蒸汽机驱动。由于种种原因没能最后组装，只得把图纸和部分零件送进博物馆保存	
1822 年之后	分析机	巴贝奇	巴贝奇设计的分析机不仅包括齿轮式“存贮仓库”和“运算室”即“作坊”（Mill），而且还有他未给出名称的“控制器”装置、运输数据的输入输出部件	
1938 年	第一台 Z－1 型计算机	德国科学家祖斯	研制了采用二进制的 Z 系列计算机。其中，Z－3 型计算机是世界第一台通用程序控制机电式计算机，不仅全部采用继电器，同时采用了浮点记数法、带数字存储地址的指令形式等	

（资料来源：公开资料整理）

2．模拟计算机

模拟计算机是用电流、电压等连续变化的物理量直接进行运算的计算机。使用模拟计算机的主要目的，不在于获得数学问题的精确解，而在于给出一个可供进行实验研究的电子模型。第一台电子模拟计算机于 1946 年研制成功。有代表性的 10 种模拟计算机如表 1－2 所示。

表1-2 有代表性的模拟计算机

时间	机型	特　点	图　示
1970年	IBM System/7	运算周期为400微秒，字长为16字节，并具有奇偶校验字节能力	
1964年	Systron - Donner Series 80	主要应用于特定的领域，如教育和训练。计算机被当作卡迪拉克通用模拟计算机使用，使用晶体管取代电子管	
第二次世界大战到1969年	Ford Instrument Mark Fire Control Computer	3尺宽（约1米）、4尺高、6尺长，重量近3000磅（约1361千克）。用于战列舰或驱逐舰上火炮的瞄准与发射	
1948年	Goodyear Electronic Differential Analyzer	在电子模拟计算机领域成为一股早期的先锋力量	
20世纪50年代末	The Jerie analog computer	系统可以通过运行几个公式，将多幅图片信息聚合在一起，并解决定位和测量问题	

(续表)

时间	机型	特　点	图　示
20 世纪 50—60 年代	HITAC (Hitachi Transistor Automatic Computer)	曾作为日本防御系统中的大型飞行模拟器	
	General Electric differential analyzer	作为微分分析器而被广泛使用	
1960 年	Newmark 模拟计算机	由 5 个部件组成，用于解决微分方程	
1962 年	Bechman Instruments EASE	60 尺（约 20 米）长，并有一块按钮控制板。用于为通用汽车设计喷气发动机的艾莉森部门	
20 世纪 60 年代末	Norden 投弹瞄准器	由陀螺仪、发动机、齿轮、反光镜、杠杆及显微镜组成。它既能为飞行员导航，也能决定什么时候该卸下负载	无

（资料来源：根据公开资料整理）

由于各种模拟计算机都存在着很大的局限性，所以人们将目光转向了数字电子计算机，即目前广泛应用的计算机。

3. 数字电子计算机

(1) 数字电子计算机

目前广泛使用的计算机即数字电子计算机，它以离散形式表示信息，通常采用二进制（0、1 序列）。图灵建立了图灵机的理论模型，奠定了现代计算机的理论基础，发展了可计算性理论；冯·诺依曼确立了现代计算机的基本结构，即冯·诺依曼结构。

(2) 计算机系统组成

一个计算机系统由硬件和软件两大部分组成，典型的计算机系统如图 1－1 所示。

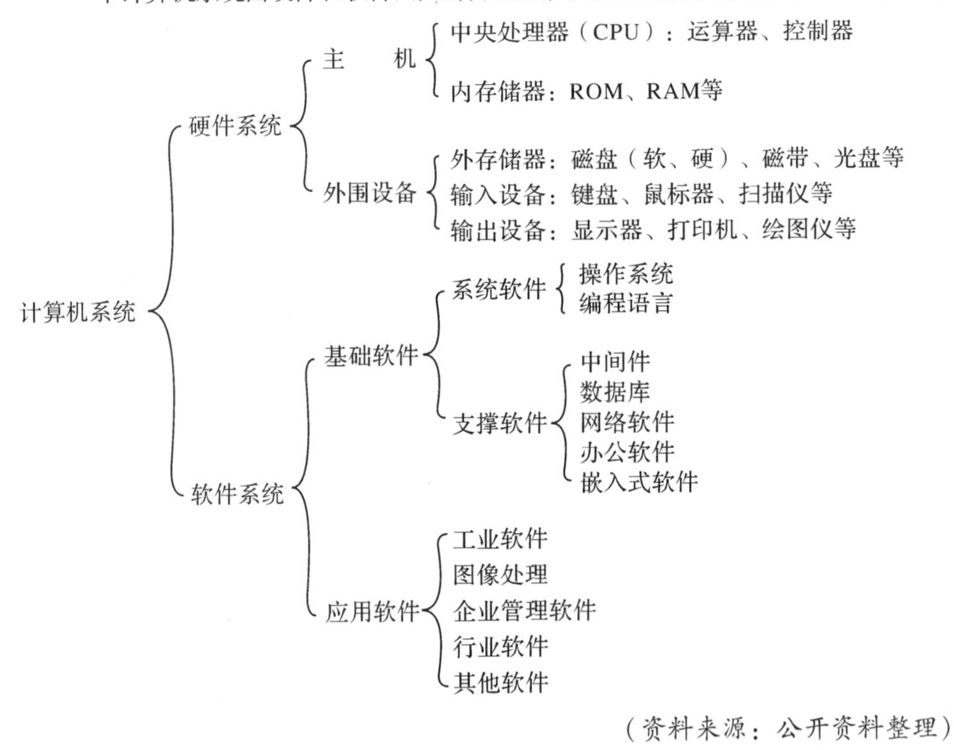

（资料来源：公开资料整理）

图 1－1 计算机系统组成图

(3) 软件与硬件的关系

①互相依存。硬件是软件赖以工作的物质基础，软件的正常工作是硬件发挥作用的唯一途径。计算机系统必须配备完善的软件系统才能正常工作，并充分发挥硬件的各种功能。

②无严格界线。随着计算机技术的发展，在许多情况下，计算机的某些功能既可以由硬件来实现也可以由软件来实现。因此，硬件与软件从一定意义上

来说没有绝对严格的界线。

③协同发展。计算机软件是伴随着硬件技术的发展而发展的，而软件的不断发展与完善又促进了硬件的更新，两者密切地交织在一起，缺一不可。

4. 计算机的分类

计算机的种类有很多，可以从不同角度对其进行分类。计算机的分类如表1－3所示。

表1－3　计算机分类

分类方法	计算机类型	特　　点
指令流（I）/数据流（D）	单指令流 单数据流（SISD）	同一时刻只能执行一条指令（即只有一个控制流）、处理一个数据（即只有一个数据流）
	单指令流 多数据流（SIMD）	在执行向量操作时，一条指令可以同时对多个数据（组成一个向量）进行运算
	多指令流 单数据流（MISD）	各处理单元组成一个线性阵列，分别执行不同的指令流，而同一个数据流则顺次通过这个阵列中的各个处理单元（只适用于某些特定的算法）
	多指令流 多数据流（MIMD）	多个处理单元都根据不同的控制流程执行不同的操作、处理不同数据的并行计算机
按处理对象分	数字计算机	处理的数据都是数字量，这些数据在时间上是离散的。非数字量的数据（如声音、图像等）只有经过编码后才能处理
	模拟计算机	处理的数据都是模拟量（如电压、电流、温度等），这些数据在时间上是连续的
	数字模拟 混合计算机	将数字技术和模拟技术相结合，兼有数字计算机和模拟计算机的功能
按用途分	通用计算机	具有广泛的用途和使用范围，可以用于科学计算、数据处理及过程控制等各个方面
	专用计算机	用于某一特殊领域，如智能仪表、生产过程控制、军事装备的自动控制等

（续表）

分类方法	计算机类型	特　点
按规模分	巨型计算机	运算能力超过1亿次/秒的超大型计算机，主要用于复杂的科学计算及军事等专门领域。如我国研制的“天河二号”计算机
	大/中型计算机	具有较高的运算速度，每秒钟可以执行几千万条指令，具有较大的存储容量和较好的通用性。通常作为银行、铁路等大型应用系统中的网络主机
	小型计算机	运算速度和存储容量略低于大/中型计算机，但与终端和各个外部设备的连接比较容易，适合用作联机系统的主机或工业生产过程的自动控制
	微型计算机	使用大规模集成电路芯片制作的微处理器、存储器和接口，并配置相应的软件，从而构成完整的微型计算机系统。若将微型计算机制作在一块印刷线路板上，则成为单板机；若在一块芯片中包含微处理器、存储器和接口等最基本配置，则成为单片机
	工作站	用作某种特殊用途，由高性能的微型计算机系统、输入/输出设备以及专用软件组成
	服务器	在网络环境下为多个用户提供服务的共享设备。可分为文件服务器、通信服务器及打印服务器等
	网络计算机	在网络环境下使用的终端设备，其特点是内存容量大、显示器的性能高、通信功能强，但本机中不一定配置外存，所需要的程序和数据存储在网络服务器中

（资料来源：公开资料整理）

二、计算机的更新换代

1. 第一台电子计算机

阿塔纳索夫—贝瑞计算机（Atanasoff - Berry Computer，ABC）是世界上公认的第一台电子计算机，由爱荷华州立大学的约翰·文森特·阿塔纳索夫（John Vincent Atanasoff）等在1937年至1941年间开发。这台计算机是电子与电器的结合，电路系统中装有300个电子真空管执行数字和逻辑运算，机器使用电容器进行数值存储，数据输入采用打孔读卡方法，并采用了二进位制。因此，ABC的设计已经包含现代计算机中4个最重要的基本概念，从这个角度来说，它是一台真正现代意义上的电子计算机，如图 1－2 所示。

图 1－2　阿塔纳索夫—贝瑞计算机

2. 第一台多用途电子计算机

1946 年 2 月 14 日，世界上第一台现代数字多用途电子计算机“埃尼阿克”（Electronic Numerical Integrator And Computer，ENIAC）在美国宣告诞生。“埃尼阿克”是电子数字积分计算机的简称，它使用电磁铁控制的开关（继电器），程序存储在穿孔带、卡片或计算机内极其有限的内部存储器中，1 秒内可进行 5000 次加法运算，占地面积达 170 平方米，重达 30 吨，简直称得上庞然大物，如图 1－3 所示。

图 1－3　ENIAC 计算机

3. 数字电子计算机的年代划分

数字电子计算机从 20 世纪 40 年代诞生至今，已有近 60 年的历史，差不多每 10 年就更新换代一次，性能/价格比不断提高，体积不断缩小。数字电子计算机的更新换代如表 1－4 所示。

表 1－4　计算机的更新换代

特征	第一代 1946—1955 年	第二代 1956—1964 年	第三代 1964—1970 年	第四代 1971—2000 年	第五代 1982 年—	第六代 未来
逻辑元件	电子管	晶体管	中小规模 集成电路	超大规模 集成电路	智能 计算机	生物 计算机
内存储器	延迟线 磁芯	磁芯 存储器	半导体 存储器	半导体 存储器	半导体 存储器	DNA 基因 芯片
外存储器	磁鼓	磁鼓 磁带	磁带 磁盘	磁盘 光盘	磁盘 光盘	蛋白质 有机体
外部设备	读卡机 纸带机	读卡纸 带电传 打字机	读卡机 打印机 绘图机	键盘 显示器 打印机 绘图机	语音 输入 触摸屏	新型 外围 设备
处理速度	10^{3-4} IPS	10^{4} IPS	10^{7} IPS	10^{8-10} IPS		
内存容量	KB	KB	KB ~ MB	MB 以上		
性能/ 价格比	1000 美元/ IPS	10 美元/ IPS	1 美分/ IPS	10^{-3} 美分/ IPS		
编程语言	机器语言	汇编语言 高级语言	汇编语言 高级语言	高级语言 第四代语言		
系统软件		操作系统	操作系统 实用程序	操作系统、 数据库管理 系统		
代表机型	ENIAC IBM 650 IBM 709	IBM 7090 IBM 7094 CDC 7600	IBM 360 系 列/富士通 F230 系列	大型/巨型机 微型/超微 型计算机		
代表机型 图示						
速度 （次/秒）	5000 ~ 1 万次	几万 ~ 几十万次	几十万 ~ 几百万次	几千万 ~ 千百亿次		

（续表）

特征	第一代 1946—1955 年	第二代 1956—1964 年	第三代 1964—1970 年	第四代 1971—2000 年	第五代 1982 年—	第六代 未来
特点与应用领域	体积巨大、运算速度较低、耗电量大、存储容量小。主要用于科学计算	体积 & 耗电减少、运算速度较高、价格下降，应用扩展到事务管理以及工业控制等	体积功耗进一步减少、可靠性 & 速度提高。应用扩展到文字处理、企业管理等方面	性能大幅度提高、价格大幅度下降，广泛应用于多个领域，进入办公室和家庭	能够模拟、延伸、扩展人类智能。与冯·诺依曼计算机的体系结构、工作方式等均不同	体积小、功效高、永久性和很高的可靠性，能耗低，电路间不存在信号干扰

（资料来源：公开资料整理）

4. 未来的计算机

基于集成电路的计算机仍然具有广泛的应用前景。但一些新型的计算机正处于紧锣密鼓的研究中，如识别自然语言的计算机、高速超导计算机、激光计算机、分子计算机、量子计算机、DNA 计算机、神经元计算机、智能计算机、生物计算机、纳米计算机以及零发热计算机等。

（1）识别自然语言的计算机

未来的计算机将在模式识别、语言处理、句式分析和语义分析的综合处理能力上获得重大突破。它可以识别孤立单词、连续单词、连续语言和特定或非特定对象的自然语言（包括口语）。人类将越来越多地同机器对话，如向计算机“口授”信件等，键盘和鼠标的时代将渐渐结束。

（2）高速超导计算机

高速超导计算机的耗电仅为半导体器件计算机的几千分之一，它执行一条指令只需十亿分之一秒，比半导体元件快几十倍。以目前的技术制造出的超导计算机的集成电路芯片只有 3 ~5 平方毫米大小。

（3）激光计算机

激光计算机是利用激光作为载体进行信息处理的计算机，又叫光脑。其运算速度将比普通的计算机至少快 1000 倍。与电子计算机相似，激光计算机也是靠一系列逻辑操作来处理和解决问题的。光束在一般条件下互不干扰的特性，使得激光计算机能够在极小的空间内开辟很多平行的信息通道，密度大得惊人（一块截面积等于5分硬币大小的棱镜，其通信能力超过全球现有全部电缆的许多倍）。

（4）分子计算机

分子计算机处于酝酿之中。美国惠普公司和加州大学于1999年7月16日宣布，已成功研制出分子计算机中的逻辑门电路，其线宽只有几个原子直径之和。分子计算机的运算速度是目前计算机的1000亿倍，最终可能取代硅芯片计算机。

（5）量子计算机

量子计算机是一种全新的，基于量子理论的，遵循量子力学规律进行高速数学和逻辑运算、存储及处理量子信息的物理装置，概念源于对可逆计算机的研究。量子计算机应用量子比特，可以同时处在多个状态，而不像传统计算机只能处于0或1两个状态。

（6）DNA计算机

脱氧核糖核酸（DNA）有一种特性，能够携带生物体的大量基因物质。DNA计算机的工作原理是以瞬间发生的化学反应为基础，通过与酶的相互作用，将发生过程进行分子编码，把二进制数翻译成遗传密码的片段，每一个片段就是著名的双螺旋的一个链，然后对问题以新的DNA编码形式加以解答。与普通的计算机相比，DNA计算机体积更小，存储的信息量却超过现在世界上所有的计算机。

（7）神经元计算机

人类神经网络的强大与神奇人所共知。未来，人们将制造出能够完成类似人脑功能的计算系统，即人造神经元网络。神经元计算机最有前途的应用领域是国防，它可以识别物体和目标、处理复杂的雷达信号，其联想式信息存储、对学习的自然适应性、数据处理中的平行重复现象等性能都将异常有效。

（8）智能计算机

智能计算机是指能够模拟、延伸和扩展人类智能的一种新型计算机。它与冯·诺依曼型计算机相比，无论在体系结构、工作方式及功能上都有很大不同，它是人工智能研究的远期目标。

（9）生物计算机

生物计算机的主要原材料是生物工程技术产生的蛋白质分子，并以此作为生物芯片，利用有机化合物存储数据、信息以波的形式传播。它的运算速度要比当今最新计算机快10万倍，具有很强的抗电磁干扰能力，并能彻底消除电路间的干扰，能量消耗仅相当于普通计算机的十亿分之一，具有巨大的存储能力和生物体的一些特点，如能发挥生物本身的调节机能、自动修复芯片上发生的故障以及模仿人脑的机制等。

（10）纳米计算机

纳米计算机是用纳米技术研制的一种新型计算机。采用纳米技术生产芯片成本十分低廉，因为它既不需要建设超洁净的生产车间，也不需要昂贵的实验设备和庞大的生产队伍，只要在实验室里将设计好的分子合在一起，就可以造出芯片。

（11）零发热计算机

计算机在使用时，会遇到发热、能量损耗、速度变慢等问题。这是因为常态下芯片中的电子运动没有特定的轨道，相互碰撞从而发生能量损耗。量子霍尔效应则可以对电子的运动制定一个规则，让每个电子各行其道。但是，量子霍尔效应的产生需要非常强的磁场，“相当于外加10个计算机大的磁铁，不但体积庞大而且价格昂贵，不适合用于个人、便携式计算机”。而量子反常霍尔效应的美妙之处是不需要任何外加磁场，在零磁场中就可以实现量子霍尔态。2013年，我国科学家薛其坤团队经过无数次的实验发现了量子反常霍尔效应，使人们看到了制造零发热计算机的曙光。（作者归纳）

三、计算机的发展趋势

1. 巨型化

为适应尖端科学技术的特殊要求，需要发展速度极高、容量极大、功能极强的巨型计算机。新华社华盛顿2014年6月23日电，国际TOP500组织23日公布了最新的全球超级计算机500强排行榜，中国“天河二号”超级计算机比第二名美国“泰坦”超级计算机速度快近一倍，连续三次获得冠军。

2. 超微型化

自1971年第一个微处理器诞生以来，随着大规模和超大规模集成电路技术的发展，微型计算机得到了迅猛发展与普及，已广泛应用于各行各业，其性能已达到或超过早期的大、中型计算机的水平。微型计算机价格低廉、使用方便、软件与外部设备丰富，已成为现代家庭中的重要工具（笔记本电脑、掌上电脑也屡见不鲜）。目前，各种移动设备、手持设备及可穿戴设备不断涌现，计算机的超微型化趋势愈来愈强。

3. 网络化

网络化是指利用现代通信技术和计算机技术，将地理上分散的计算机互联起来，按照协议进行通信，以达到数据通信、资源共享、提高可靠性和可用性、易于进行分布处理等目的。在信息高度发达的时代，计算机网络已渗透到各个行业、各个领域以及生活的各个方面。人们每天都在自觉或不自觉地使用网络，如上网浏览、网上购物等，人类社会已经步入网络和信息时代。

4. 智能化

人工智能的研究建立在现代科学基础之上，计算机智能化要求计算机能模拟人的感觉和思维能力，也是新一代计算机要实现的目标。智能化的研究领域很多，其中最有代表性的领域是专家系统和机器人。

5. 多样化

未来，计算机、网络、通信技术等将会一体化，会出现集多种功能于一身的计算设备，这些设备可能有些四不像（犀牛），未来将会出现“犀牛”遍地走的景象。(笔者比喻)

四、软件运行环境的变迁

软件运行环境随着计算设备和互联网的发展发生了翻天覆地的变化，经历了大型主机、小型计算机、个人计算机、客户端/服务器端、互联网、移动互联网以及云计算时代 7 次变迁。软件运行环境的变迁如图 1 -4 所示。

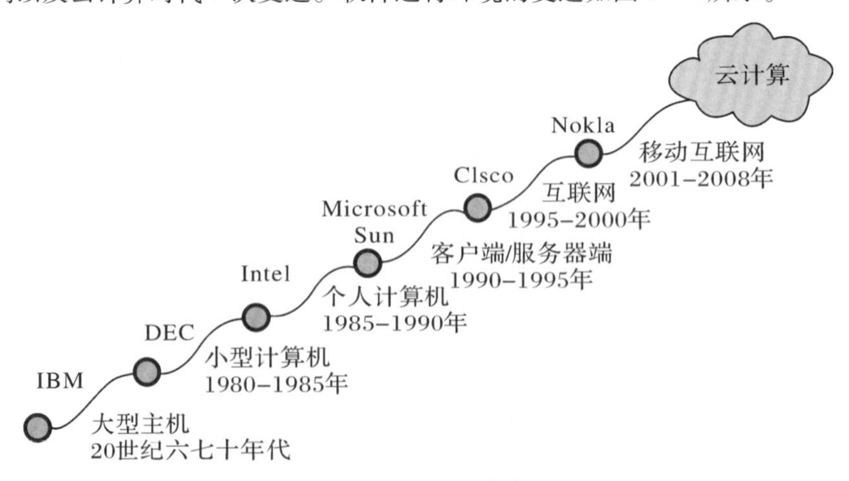

（图片来源：http：//www.51CTO.com）

图 1 -4　软件运行环境的变迁

1. 大型主机时代

第一次变迁发生在20世纪六七十年代。那是大型主机（Mainframe）称雄的时代。尽管这些庞然大物寥若晨星，主要分布在发达国家的科学实验室和名牌大学里，但它却结束了上百人一起使用手摇机械计算器进行一项科学计算的历史。我国在1958年成功研制了大型计算机，其在我国“两弹一星”研究中起到了重要作用。

2. 小型计算机时代

第二次变迁发生在1980—1985年。在此期间计算机小型化，价格降低，应用范围不断扩大。在中国，许多科研单位和大专院校购置了小型计算机用作科学研究（如VAX8550小型机等）。

3. 个人计算机时代

第三次变迁发生在1985—1990年。由于晶体管与集成电路的出现，大型主机逐渐出现两极分化：一方面，向更快、更强、更贵的巨型机（Supercomputer）方向前进；另一方面，持续缩小尺寸、降低成本，出现了小型机（Minicomputer）、微型机（Microcomputer）等普及产品。Apple II和IBM PC（Personal Computer）走进千家万户，成为各行各业知识群体的助手。在此期间，我国也出现了以“王码”为代表的、汉字编码为核心的普及型微机，如长城0520计算机。

4. 客户端/服务器端时代

第四次变迁发生在1990—1995年。主要采用客户端/服务器端（Client-Server，C/S）结构，又叫主从式架构，是一种网络架构。它把客户端（采用图形用户界面的程序）与服务器区分开，每一个客户端软件的实例都可以向服务器发出请求以完成特定需求。

5. 互联网时代

第五次变迁发生在1995—2000年。由于互联网的出现，特别是1992年4月“WWW”向全世界免费开放后，可以毫不夸张地说，世界各地几乎“一夜之间”同步进入了网络时代。人们开始使用浏览器在网上看新闻、玩游戏，一时间“. com”公司遍地开花。

6. 移动互联网时代

第六次变迁发生在2001—2008年。在此期间，智能手机与平板电脑相继问世，强烈地撼动了传统PC机平稳发展30年的霸主地位。无线上网、无线通信使人们摆脱了线缆的束缚，移动办公、移动从业随处可见。手机等移动设备走进了千家万户，开启了一个无线/移动时代。

7. 云计算时代

第七次变迁发生在近几年。各种传感设备、手持终端设备、可穿戴等终端设备大量涌现，越来越多地扩展着 PC 机与手机的功能；云计算作为一种网络计算，彻底颠覆了“以机器为中心”的传统计算模式，可以说开启了一个全新的云计算时代，使服务走进千家万户。

五、知识卡片（一）图灵奖

图灵奖（A. M. Turing Award），由美国计算机协会（ACM）于 1966 年设立，又叫“A. M. 图灵奖”，其名称取自计算机科学的先驱、英国科学家阿兰·麦席森·图灵。它专门奖励那些对计算机事业做出重要贡献的个人，一般每年只奖励一名计算机科学家，只有极少数年度有两名合作者或在同一方向做出贡献的科学家共享此奖。它是计算机界最负盛名、最崇高的一个奖项，有“计算机界的诺贝尔奖”之称。从 1966 年到 2014 年的 48 届图灵奖，共计 61 名科学家获此殊荣，其中美国学者最多，此外还有英国、瑞士、荷兰、以色列等国少数学者。截至目前，获此殊荣的华人仅有一位，他就是 2000 年图灵奖得主姚期智。

第二章　软件基础知识

软件（Software）作为一门学科，其研究内容可分为三个层次。其一，研究软件的本质和模型，即软件的基本元素（软件实体）及其结构模型，这是软件呈现良好结构性并能够有效、高效地运行的基础。同时，相应形式化模型的研究也是重要的研究课题，这是实现软件生产自动化的必备前提。其二，针对特定的软件模型，研究高效的软件开发技术，以提高软件系统开发的效率和质量。研究内容多体现为方法论及相应的工程原则、支撑工具。其三，研制特定领域或特定应用的软件。

一、软件定义及特点

软件即计算机软件，是人们为了告诉计算机要完成什么功能而编写的、计算机能够理解的一串指令，也称为代码或程序。关于软件的概念尚无统一的定义。世界上多数国家、多数组织原则上采用世界知识产权组织的意见并结合实际加以修改。

1. 软件定义

（1）定义一

世界知识产权组织（WIPO）的定义：计算机软件包括程序、程序说明以及程序使用指导三项内容。“程序”指能完成一定任务或产生一定结果的指令集合；“程序说明”指用文字、图解或其他方式，对计算机程序中的指令所做的足够详细的、足够完整的说明和解释；“程序使用指导”指除程序、程序说明以外，用以帮助理解和实施有关程序的其他辅助材料。

(2) 定义二

计算机软件是计算机系统中与硬件相互依存的一个部分，是包括程序、数据及其相关文档的完整集合。其中，程序是按事先设计的功能和性能要求执行的指令序列；数据是使程序能正常操纵信息的数据结构；文档是与程序开发、维护和使用相关的图文材料。

(3) 定义三

软件是程序及所有使程序正确运行所需要的相关文档和配置信息的总和。一个软件系统通常包括大量独立的程序、用于设置这些程序的配置文件、描述系统结构的系统文档和如何使用该系统的用户文档以及告知用户下载最新产品信息的 Web 站点。

(4) 定义四

北京大学杨芙清院士从编程语言发展的视角给出软件的定义：软件是对客观世界中问题空间与解决空间的具体描述，是客观事物的一种反映，是知识的提炼和“固化”。客观世界不断变化，因此，构造性和演化性是软件的本质特征。如何使软件模型具有更强的表达能力、更符合人类的思维模式，即如何提升计算环境的抽象层次，在一定意义上来讲，这紧紧围绕了软件的本质特征——构造性和演化性。

2. 软件特性

(1) 构造性

基于层次结构开发的软件易理解、易实现，将不同层次的开发任务交给不同的软件开发人员，可以高效利用软件开发人员的专业特长和开发经验，提高软件的并行开发能力，大大缩短软件的开发周期。

(2) 演化性

软件演化性（Software Evolution）指在软件系统的生命周期内软件维护和软件更新的动态行为。软件演化的核心问题是软件如何适应改变。

(3) 渗透性

软件具有很强的渗透性，可以渗透到数学、物理、化学、工业、农业、电力以及社会经济等诸多领域，进而产生许多新学科。

（4）抽象性

软件是一种逻辑实体，而不是具体的物理实体，因而它具有很强的抽象性。

（5）开发性

软件的生产与硬件不同，它没有明显的制造过程。要提高软件的质量，必须在软件开发方面下功夫。

（6）退化性

在软件的运行和使用期间，不会出现像硬件所出现的机械磨损、老化等问题，然而软件却存在退化问题，必须要对其进行多次修改与维护。

（7）移植性

软件的开发和运行常常受到计算机系统的制约，它对计算机系统有着不同程度的依赖性。为了解除这种依赖性，在软件开发中提出了软件在不同系统之间移植的问题。

（8）复杂性

软件本身是复杂的。软件的复杂性可能来自它所反映实际问题的复杂性，也可能来自程序逻辑结构的复杂性。

（9）高成本

软件成本相当昂贵。软件的研发工作需要投入大量的、复杂的、高强度的脑力劳动，它的成本相对较高。

（10）社会性

相当多的软件工作涉及社会因素。许多软件的开发和运行涉及机构、体制及管理方式等问题，它们直接决定项目的成败，即软件具有很强的社会性。

（11）人工性

软件的开发至今尚未完全摆脱人工的开发方式，即软件存在人工性。

二、软件的分类及发展

1. 软件的早期分类方法

2000 年之前的教科书及各种文献中都将软件分为系统软件和应用软件两大类，如图 2－1 所示。

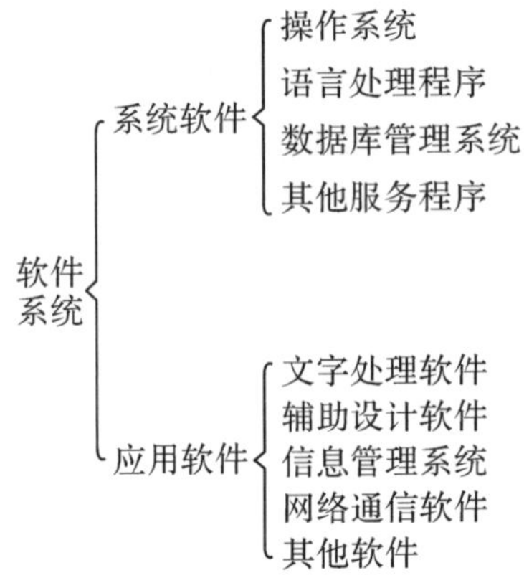

（资料来源：公开资料整理）

图 2－1　软件早期分类方法

2. 软件的近代分类方法

软件可以按功能、规模及工作方式进行分类，如图 2－2 所示。

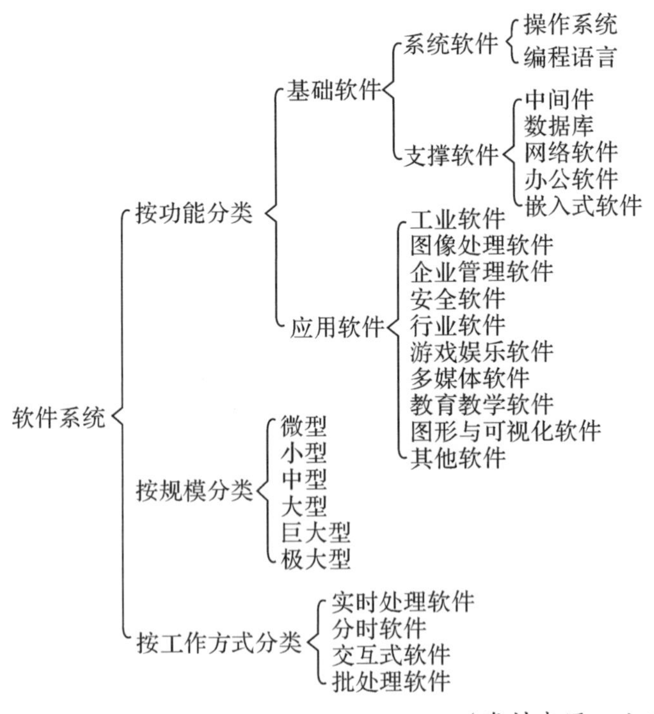

（资料来源：公开资料整理）

图 2－2　近代软件分类方法

（1）按功能分类

按照功能的不同，可以把软件划分为基础软件和应用软件两大类。

① 基础软件是具有公共服务平台或应用开发平台功能的软件系统。其中，具有公共服务平台功能的软件有操作系统和办公软件，具有应用开发平台的软件有编程语言和中间件，兼具两种功能的软件有数据库和嵌入式软件。按照功能又可把基础软件分为系统软件和支撑软件两类。系统软件是与计算机硬件结合最紧密的软件，它在计算机系统中必不可少，可以协调各个物理部件的工作，同时服务于它以上层次的软件，主要包括：操作系统和编程语言；支撑软件是工具性软件，它一方面可以协调用户进行软件开发，另一方面还能对应用软件进行维护，主要包括：中间件、数据库、网络软件、办公软件以及嵌入式软件等。

② 应用软件是为满足用户在不同领域面对各类问题的应用需求、使用的各种程序设计语言以及应用程序集合而开发的软件。应用软件种类繁多，按照软件的功用，可以把应用软件分为工业软件、图像处理软件、企业管理软件以及安全软件等。

（2）按规模分类

按开发软件所需的人力、时间以及完成的源程序行数，可确定 6 种不同规模的软件，如表 2－1 所示。

表 2－1　软件按规模分类

类别	参与人数	研制期限	产品规模（源程序行数）
微 型	1	1～4 周	0.5k
小 型	1	1～6 周	1～2k
中 型	2～5	1～2 年	5～50k
大 型	5～20	3～4 年	50～100k
巨大型	100～1000	4～5 年	1M（1000k）
极大型	2000～5000	5～10 年	1～10M

（资料来源：《软件安全》）

（3）按工作方式分类

实时处理软件——在事件或数据产生时对其进行立即处理，并及时反馈信号以控制需要监测过程的软件。实时处理软件主要包括数据采集、分析、输出 3 个部分。

分时软件——允许多个联机用户同时使用计算机的软件。

交互式软件——能实现人机通信的软件。

批处理软件——把一组输入作业或一批数据以成批处理的方式一次运行，按顺序逐个处理的软件。

3. 软件发展阶段

根据软件开发和运行的载体，可以将软件的发展大致划分为如下 5 个阶段，如图 2 -3 所示。

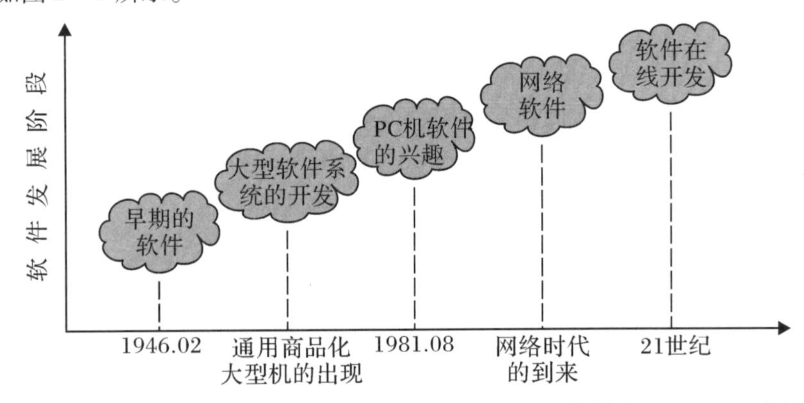

（资料来源：公开资料整理）

图 2 -3 软件发展阶段

（1）早期的软件

早期的软件通常指针对特定计算机和特定任务编制的程序。这一时期的程序编写讲究算法技巧以及对计算机资源的充分利用。早期的程序用穿孔卡片编写和输入，穿孔纸带是穿孔卡片的变形，可以输入更长的程序。

（2）大型软件系统的开发

随着通用的商品化大型计算机的出现，一些软件开发人员集合起来，专门为特定用户在大型计算机上开发大型软件系统，编程语言和程序设计理论开始成熟，出现了软件公司。

（3）PC 机软件的兴起

1981 年 8 月 12 日，IBM 正式发布了历史上第一台 PC 机（Personal Computer，个人计算机），标志着计算机全面进入社会生活。随后 APPLE 等公司极大地推动了 PC 机的普及。此时出现了为不特定客户开发并销售拷贝的通用软件，软件开发的成本/效益比变得重要，项目管理技术也开始出现。后世影响最大的是微软为 IBM PC 开发的 DOS（Disk Operating System，磁盘操作系统），DOS 既成就了 PC，也成就了微软。

（4）网构软件

随着网络时代的到来，网络形式的软件应用不断增多，许多大的公司（包括硬件公司）都向网络和服务转型，网构软件得到迅速发展。

（5）软件在线开发

近年来，随着云计算的发展，软件即服务开始兴起，客户可以按使用软件的时间或使用量付费。伴随软件服务模式的发展，兴起了一种大众参与的在线软件开发方式。

三、软件的应用

1. 软件的应用领域

软件具有极强的渗透性和应用性，广泛地应用于各行各业，改变着人们的工作、学习、生活和娱乐方式，极大地推动了社会进步。

（1）人工智能

著名的图灵试验用以回答这样一个终极问题："计算机能够思考吗?"它标志着人工智能学科的诞生。人工智能用于开发一些具有人类某些智能的应用系统，用计算机来模拟人的思维判断、推理等智能活动，使计算机具有自学习自适应和逻辑推理的功能，如计算机推理、智能学习系统、专家系统及机器人等。

（2）计算机体系结构

计算机体系结构或称数字计算机组成，是一个计算机系统的概念设计和根本运作结构。它主要侧重于 CPU（Central Processing Unit，中央处理单元）的内部执行和内存访问地址。这个领域经常涉及计算机工程和电子工程学科，选择和互联硬件组件以创造满足功能、性能和成本目标的计算机。

（3）计算机图形学与可视化

计算机图形学是对数字视觉内容的研究，涉及图像数据的合成和操作。它与计算机科学的许多领域密切相关，包括计算机视觉、图像处理及计算几何，同时也被大量地运用在特效和电子游戏中。

（4）计算机安全与密码学

计算机安全是计算机技术的一个分支，其目标包括保护信息免受未经授权的访问、中断和修改，同时为系统的预期用户保持系统的可访问性和可用性。密码学是对隐藏（加密）和破译（解密）信息的实践与研究。现代密码学主要与计算机科学相关，很多加密和解密算法都是基于它们的计算复杂性。

（5）信息科学

信息科学是指以信息为研究对象、利用计算机及其程序设计等技术为研究工具，分析和解决问题的科学，是以扩展人类的信息功能为主要目标的一门综合性学科。

（6）软件工程

软件工程是研究和应用如何以系统性、规范化、可定量的过程化方法去开发和维护软件，以及如何把经过时间考验而证明正确的管理技术和当前能够得到的最好的技术方法结合起来的学科。

（7）科学计算

早期的计算机主要用于科学计算（或称为数值计算），科学计算应用领域极为广泛，如在高能物理、工程设计、地震预测、气象预报以及航天技术等领域的应用。计算机科学与其他领域交叉产生了计算力学、计算物理、计算化学以及生物控制论等许多新兴学科。

（8）过程控制

利用计算机对工业生产过程中的某些信号自动进行检测，并把检测到的数据存入计算机，再根据需要对这些数据进行处理，这样的系统称为计算机检测与控制系统。特别是仪器仪表引进计算机技术后所构成的智能化仪器仪表，将工业自动化推向了一个更高的水平。

（9）信息管理

信息管理是目前计算机应用最广泛的领域之一，利用计算机来加工、管理与操作任何形式的数据资料，如企业管理、物资管理、报表统计以及信息情报检索等。国内许多机构纷纷建设自己的管理信息系统（Management Information System，MIS），生产企业也开始采用制造资源规划软件（Material Requirement Planning，MRP）等。

（10）计算机辅助设计/制造/测试

计算机辅助设计/制造/测试（CAD/CAM/CAT，Computer Aided Design/Computer Aided Manufacturing/Computer Aided Translation），用计算机辅助进行工程设计、产品制造和性能测试。

（11）语言翻译

1947年，美国数学家、工程师沃伦·韦弗（Warren Weaver）与英国物理学家、工程师安德鲁·布思（Andrew Booth）提出了用计算机进行翻译（“机译”）的设想，机译从此步入历史舞台，并走过了一条曲折而漫长的发展道路，但目前机译的质量离理想目标仍然存在差距。

2. 软件授权与发布方式

（1）软件授权

软件授权方式包括免费型、捐赠型、试用型、自由型、非自由型、另类型以及灰色型。其中，免费型包括免费软件、广告软件、绿色软件及注册软件等；试用型包括残废软件、试用软件、共享软件及唠叨软件；自由型包括自由再发行软件、自由软件及开放源代码软件；非自由型包括专有软件、商业软件及鸦片软件；另类型包括啤酒软件和明信片软件；灰色型包括间谍软件、广告软件、恶意软件以及雾件（Vaporware）等。

（2）软件发布方式

软件发布方式包括电子软件分发、文件分享、预装（Pre - installed Software）、绑售、营业场所软件（On - premises Software）以及零售软件（Retail Software）等。

3. 软件版本与保护

软件版本周期包括老软件、产品寿命退出、长期支持、软件维护、软件维护者及软件发布者。复制保护包括数字版权管理、硬件锁、硬件限制、授权管理、产品激活、产品密钥、软件著作权及软件专利等。

4. 软件的力量

（1）吞噬整个世界

正如 Netscape 创始人、硅谷著名投资人马克·安德森（Marc Andreessen）在《软件正在吞噬整个世界》中所述，从电影、农业到国防，网络服务无处不在。软件革命无坚不摧，在未来十年，预计将有更多的行业被软件所瓦解。近几年，无论是《新闻周刊》的闭幕、苹果的崛起，还是电子商务的爆发，都可以看到“软件革命”的力量。

（2）软件革命的本质

软件革命的本质是社会全方位的数字化。软件作为数字化的核心和灵魂，在国民经济和社会发展的各个领域发挥了全面覆盖、深度融合、全面支撑和全面服务的作用。软件革命的服务化、智能化和平台化的趋势促进产业转型升级。在软件革命的推动下，产业加速重构、消费加速转型、社会加速变革，众多领域的企业将面临适者生存、优胜劣汰的演变。

（3）移动的计算平台

汽车不仅是一个装有四个轮子的计算机，还是一个装着四个轮子的计算平台。福特已在100万辆汽车上安装了SYNC Applink系统，未来几年将在全球900万辆车上加装该系统。SYNC Applink上的应用已超过10万个，包括衣食住行在内的各类生活服务信息。

四、软件宝塔图

1. 软件宝塔的定义

如前所述，软件具有许多特性、软件无处不在、其作用和影响越来越大。软件涉及3大方面：其一，围绕软件自身的软件理论、技术及产业等；其二，支撑软件发展的众多基础理论、运行环境以及来自各行各业的有识之士；其三，软件的作用与影响。本书对软件涉及的方方面面进行了梳理，将其划分为13个方面组成的层次结构，为了便于记忆称之为“软件宝塔”，如图2-4所示。

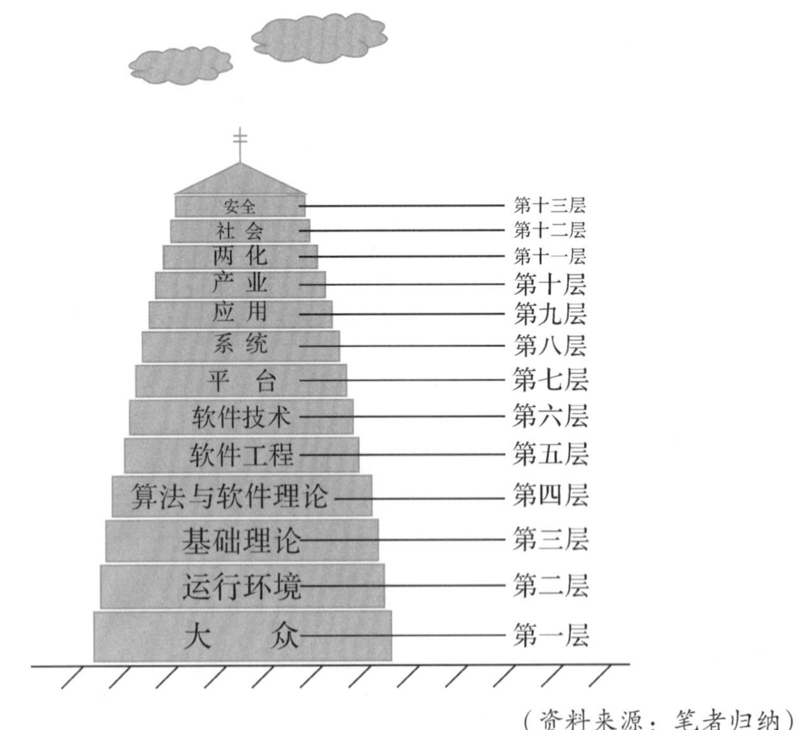

（资料来源：笔者归纳）

图2-4 软件宝塔图

2. 软件宝塔的层次解析

（1）大众

首先，软件专业人才对软件产业发展至关重要；其次，要发展软件产业需要来自政府、产、学、研、用各界有识之士的支持和参与。可以说，软件产业是大众的产业，因此将第一层概括为大众。

（2）软件运行环境

软件是一种特殊的产品，必须依附于硬件而存在，没有硬件环境的支撑，软件将无法正常工作并发挥作用。软件伴随计算机硬件的发展而发展，软件的运行环境对软件发展起重要的支撑作用。将软件宝塔的第二层概括为软件运行硬件环境。

（3）软件的基础理论

数学各个分支是软件设计与开发的重要基础，离散数学、组合数学、数值分析、近世代数以及矩阵理论等都是软件设计的重要理论基础。将软件宝塔的第三层概括为基础理论研究。

（4）算法与软件理论

软件是一种逻辑实体，而不是具体的物理实体，软件的开发和设计难度很大。软件开发设计需要数据结构、可计算性理论、算法设计与分析、程序设计原理等理论知识的支撑。将软件宝塔的第四层概括为算法与软件理论。

（5）软件工程

软件工程自20世纪60年代末诞生以来，经历40余年的坎坷发展，已经成为计算机科学领域一门综合性和工程性的独立学科。软件工程是应用计算机科学、数学及管理科学等原理，借鉴传统工程的原则、方法，解决软件问题的工程，是一门交叉性学科，是设计开发软件的方法学。将软件宝塔的第五层概括为软件工程。

（6）软件技术

软件技术有广义和狭义两种理解。广义上的软件技术是指软件工程技术，此时的软件技术包含软件开发方法学，而狭义上的软件技术是指具体的解决软件问题的技术。将软件宝塔的第六层概括为软件技术（狭义上的）。

（7）软件平台

软件的平台化是未来的发展趋势，软件平台即软件开发平台主要有两种平台模式：其一，传统的C/S（Client/Server，客户/服务器）架构模式；其二，现在流行的 B/S 架构模式（Browser/Server，浏览器/服务器模式）。B/S 架构模式是随着互联网的普及而流行的，是一种集成化的软件开发环境，能够有力地支持大型软件的快速开发。将软件宝塔的第七层概括为软件平台。

（8）软件系统

软件系统可理解为利用某些软件技术或利用软件平台开发的、能解决某一特定问题的程序集。软件系统既可以是系统级软件系统，也可以是支撑软件系统，更可以是应用级软件系统（参见图 2－3）。将软件宝塔的第八层概括为软件系统。

（9）软件规模化应用

软件产业大规模发展并与各行各业深度融合的前提是软件的规模化应用。回顾软件的发展历史，PC 机和互联网的普及促进了软件规模化应用、促进了软件产业大发展。将软件宝塔的第九层概括为软件规模化应用，简称为软件应用。

（10）软件产业

软件产业是在软件技术成熟和软件普及应用的基础上形成的，是 21 世纪最具广阔前景的新兴产业之一，是国家基础性、先导性与战略性产业，是信息产业的核心与灵魂，几乎对其他所有的产业都具有促进作用。将软件宝塔的第十层概括为软件产业。

（11）两化融合

两化融合是信息化和工业化高层次的深度结合，是指以信息化带动工业化、以工业化促进信息化，走新型工业化道路；两化融合的核心就是信息化支撑，追求可持续发展模式。软件产业是信息产业的核心，能够促进和加速两化的深度融合。将软件宝塔的第十一层概括为两化融合。

（12）社会进步

软件无处不在，正在吞噬世界。软件渗透到社会的方方面面，改变着人们的工作、学习、生活和娱乐方式，促进了社会政治、文化、经济、科技的进步。将软件宝塔的第十二层概括为社会进步。

（13）国家安全

软件不仅渗透到社会生活的方方面面，而且渗透到军事和国防领域。“棱镜门事件”更进一步使各国看到了软件直接关系到国家的安全。将软件宝塔的第十三层概括为国家安全。

（14）接地气

软件宝塔图最下端横线下方的平行斜线表示大地，寓意为要实现我国软件产业的跨越式发展，需要来自政、产、学、研、用各界有识之士脚踏实地的共同努力。

（15）入云端

软件宝塔上空漂浮的云朵，寓意未来的软件将遵循软件即服务的模式，许多软件都将运行在云端，人们可以按需申请云端的软件“为我所用”。

五、知识卡片（二）阿兰·麦席森·图灵

阿兰·麦席森·图灵（Alan Mathison Turing，1912.06.23—1954.06.07，英国）是著名的数学家、逻辑学家、密码学家、计算机学科之父、人工智能之父。他是计算机逻辑的奠基者，许多人工智能的重要方法也源自于他。他对计算机的重要贡献在于他提出的有限状态自动机也就是图灵机的概念，对于人工智能他提出了重要的衡量标准“图灵测试”，如果有机器能够通过图灵测试，那么它就是一个完全意义上的智能机，与人没有区别了。他杰出的贡献使他成为计算机界的第一人，人们为了纪念这位伟大的科学家，将计算机界的最高奖定名为“图灵奖”。

第三章 软件工程技术

软件工程与软件技术二者相互联系、相互依存、相互渗透，所以可将二者合起来统称为软件工程技术。广义上的软件技术是指软件工程技术，此时的软件技术包含软件开发方法学，而狭义上的软件技术是指具体的解决软件问题的技术。本章将从软件工程和软件技术两个方面介绍有关软件设计开发的相关问题，由于软件技术发展早于软件工程，所以首先介绍软件技术。

一、软件技术

1. 软件技术的定义

软件技术（Software Technology），是指支持软件系统的开发、运行和维护的技术，其核心内容是高效的运行模型、支撑机制以及有效的开发方法学。

2. 软件技术发展历程

（1）第一代（20 世纪 50—60 年代）——算法技术

这一时期的软件技术是以 ALGOL60（ALGOrithmic Language60）、FORTRAN（FORmula TRANslator）等编程语言为标志的算法技术。此时，程序设计是一种任人发挥创造才能的活动，程序的写法可以不受约束，程序往往是一件充满了技巧和窍门的“艺术品”。基于这种算法技术的软件生产率非常低、程序很难看懂，这给软件的修改、维护带来极大的困难，致使 20 世纪 60 年代末爆发了“软件危机”。

（2）第二代（20 世纪 70 年代）——结构化软件技术

这一时期的软件技术是以 Pascal、Cobol 等编程语言和关系数据库管理系统为标志的结构化软件技术。这种技术以强调数据结构、程序模块化结构为主要特征，采用自顶向下逐步求精的设计方法和单入口单出口的控制结构，从而大大改善了程序的可读性。伴随着结构化软件技术而出现的软件工程方法（包括CASE 工具），使软件工作的范围从只考虑程序的编写扩展到整个软件生命周期。软件不仅仅是程序，还包括开发、使用、维护程序需要的所有文档，编程工作只占软件开发全部工作量的20%左右。结构化软件技术使软件由个人手工作坊的“艺术品”，变为团队的工程产品，大大地改善了软件的质量和可维护性，而软件开发的成本却大大增加。

（3）第三代（20 世纪 80 年代）——面向对象技术

这一时期的软件技术是以 Simula67、Smalltalk、C + + 等为代表的面向对象技术（Object - Oriented Technology，OO）。OO 以对象作为最基本的元素，将软件系统看成离散的对象集合。一个对象既包括数据结构也包括行为，与现实世界的一个事物相对应。OO 的最大优点是帮助分析者、设计者及用户清楚地表述概念，互相进行交流，并作为描述、分析和建立软件文档的一种手段。OO 大大提高了软件的易读性、可维护性以及可重用性，进一步使得从软件分析到软件设计的转变非常自然，大大地降低了软件开发成本。另外，OO 技术中的继承、封装以及多态性等机制，直接为软件重用提供了进一步的支持，开辟了通过软件重用来达到提高软件生产率的新途径。

（4）第四代（20 世纪 90 年代）——分布式面向对象技术

这一时期的软件技术是以 CORBA（Common Object Request Broker Architecture，公共对象请求代理体系结构）等为代表的分布式面向对象技术（Distributed Object - Oriented Technology，DOO）。异构环境分布式系统中的软件重用，要求能够重用不同计算机、不同操作系统或不同语言环境下，由不同人员在不同时间开发的软件模块。具体地说，就是要解决不同软件之间的组合性（Plug and Play，即插即用）、互操作性以及可移植性等技术问题。对软件开发人员而言，是将异构分布式系统“转化”为一个虚拟的单台计算机、单一开发环境。DOO 不仅使 OO 的优点在异构分布式环境下得到保持，更重要的是大大地简化了异构分布式软件开发工作的复杂性。

（5）第五代（20 世纪 90 年代中期至 2000 年）——软件构件技术

这一时期的软件技术是以 COM、COR—BA3.0、EJB（Enterprise Java Bean）和 Web Service 等为代表的软件构件技术。面向对象技术和分布式对象技术等支持的软件重用只是以程序源代码的形式进行，而不是软件的最终形式——可执行二进制码的重用。这要求设计者在重用别人软件时，必须理解别人的设计和编程风格。因此，应用其他开发人员的代码往往比再实现这些代码需要付出更多的代价。软件构件技术的突破，在于实现对软件可执行二进制码的重用。这样，一个软件可被切分成一些构件，这些构件可以单独开发、单独编译，甚至单独调试与测试。当所有的构件开发完成后，就可以得到完整的应用系统。

（6）第六代（2000 年至今）——网构软件

网构软件（Internetware）技术体系的研究，旨在建立软件构件库体系。以软件构件等技术支持的软件实体将以开放、自主的方式存在于 Internet 的各个节点之上，任何一个软件实体可以在开放的环境下通过某种方式加以发布，并以各种协同方式与其他软件实体进行跨网络的互联、互通、协作以及联盟。网构软件具有自主性、协同性、反应性、演化性以及多态性。

（7）未来——软件在线开发技术

在线软件开发/发布平台是一套开发规范，也是一个开发/发布环境。软件在线开发技术将伴随云计算、大数据等新技术的发展而得到快速发展。

3. 软件技术的基本研究内容

软件技术的基本研究内容可分为软件语言、软件工程与软件方法学以及软件系统。

（1）软件语言

软件语言是用于书写软件的语言，包括书写软件需求定义的需求级语言、书写软件功能规约的功能级语言、书写软件设计规约的设计级语言以及书写实现算法的实现级语言（程序设计语言）。处于不同级别的软件语言均体现了不同抽象层次的软件模型。

（2）软件工程与软件方法学

软件工程（Software Engineering，SE）是研究如何综合应用计算机科学与数学原理进行高效、高质量的软件开发。主要包括：以软件开发方法为研究对象的软件方法学、以软件生命周期为研究对象的软件过程以及以自动化软件开发过程为目标的 CASE（Computer Aided Software Engineering，计算机辅助软件工程）工具和环境。

（3）软件系统

软件系统按功能可划分为两大层次：基础软件和应用软件。基础软件又包含系统软件和支撑软件（可参见本书第二章图 2-2）。

二、软件工程

软件工程自20世纪60年代末诞生以来，经历近40年的坎坷发展，已经成为计算机科学领域一门综合性和工程性的独立学科。软件开发的本质就是要实现“高层概念”到“低层概念”的映射，实现“高层处理逻辑”到“低层处理逻辑”的映射。对于大型软件系统的开发，这一映射相当复杂，涉及有关人员、使用的技术、采取的途径以及成本和进度的约束。

1. 软件工程的定义

（1）定义一

1983年，在IEEE的软件工程术语汇编中，对软件工程的定义为：软件工程是开发、运行、维护和修复软件的系统方法。其中，软件定义为：计算机程序、方法、规则、相关的文档资料以及在计算机上运行时所必需的数据。

（2）定义二

Fritz Bauer的软件工程定义：软件工程是为了经济地获得能够在实际机器上有效运行的可靠软件而建立和使用的一系列完善的工程化原则。

（3）定义三

1990年，在电气电子工程师协会（IEEE：Institute of Electrical and Electronics Engineers）新版的软件工程术语汇编中，对软件工程的修改定义：把系统化、规范化和可度量的手段应用于软件的开发、运行和维护中，即把工程化原则应用于软件中。

（4）定义四

我国2006年的国际标准《GB/T 11457—2006 软件工程术语》中对软件工程的定义为：应用计算机科学理论和技术以及工程管理原则和方法，按照预算和进度，实现满足用户要求的软件产品的定义、开发、发布和维护的工程或进行研究的学科。

（5）定义五

软件工程是应用计算机科学、数学及管理科学等原理，借鉴传统工程的原则、方法，解决软件问题的工程。其中，计算机科学、数学用于构造模型与算法，工程科学用于制定规范、设计范型、评估成本及确定权衡，管理科学用于计划、资源、质量、成本等管理。软件工程是一门交叉性学科。

2. “危机”中诞生的软件工程

(1) 软件危机

软件危机是指在计算机软件的开发和维护过程中所遇到的一系列严重问题。这些问题绝不仅仅是不能正常运行的软件才具有，实际上几乎所有软件都不同程度地存在这些问题。概括地说，解决软件危机包含下述两方面的问题：其一，如何开发软件，以满足对软件日益增长的需求；其二，如何维护数量不断膨胀的已有软件。

(2) 软件危机的典型表现

①对软件开发成本和进度的估计不准确；②用户对“已完成的”软件系统不满意；③软件产品质量靠不住；④软件的不可维护性；⑤软件通常没有适当的文档资料用；⑥软件成本在计算机系统总成本中所占的比例逐年上升；⑦软件开发生产率的提高落后于计算机应用普及的速度。

(3) 软件工程的提出

20 世纪 60 年代末，随着计算机应用领域的扩大，人们对软件的需求量剧增，对软件的正确性提出了更高的要求，并迫切需要缩短软件生产周期。但是，当时的软件编制还只是一种手工作坊式活动，过多地依赖程序员的个人能力和技巧，这就导致了软件生产周期长、可靠性和可维护性差。软件开发远远满足不了社会的需求，从而爆发了一场“软件危机”。1968 年，在北大西洋公约组织（North Atlantic Treaty Organization，NATO）会议（德国，Garmisch）上，首次提出了软件工程这一概念。之后，围绕如何采用“工程”的方法、技术、管理与控制软件，开展了大量的研究工作，以期提高软件生产率、改善软件质量，以克服“软件危机”。

3. 软件工程相关问题

(1) 软件工程发展历程

①软件工程主要发展历程。20 世纪软件工程发展的主要历程如图 3 - 1 所示。2000 年之后出现了网构软件、软件在线开发等新技术。

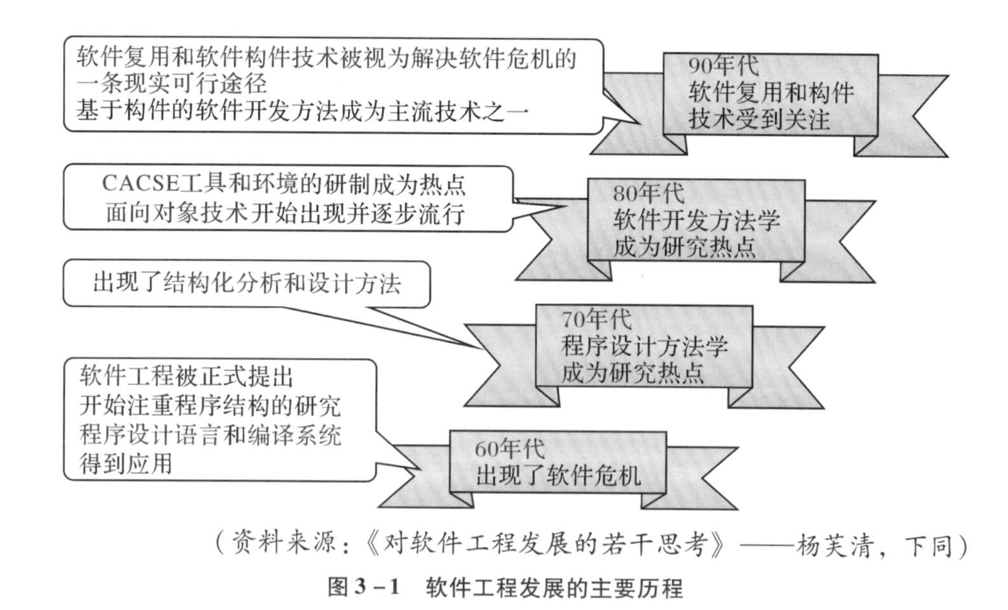

（资料来源：《对软件工程发展的若干思考》——杨芙清，下同）

图 3－1　软件工程发展的主要历程

②软件工程主要里程碑。软件工程技术呈多线、并行和交叉发展，每个线路都有各自的里程碑。20 世纪软件工程里程碑如图 3－2 所示。

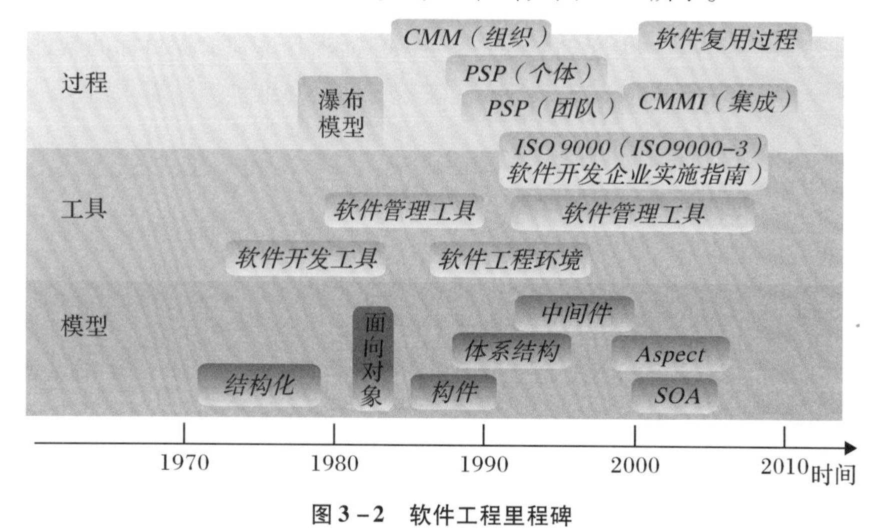

图 3－2　软件工程里程碑

（2）软件工程框架目标活动

①软件工程与其他工程一样有自己的目标、活动和原则。软件工程框架如图 3－3 所示。

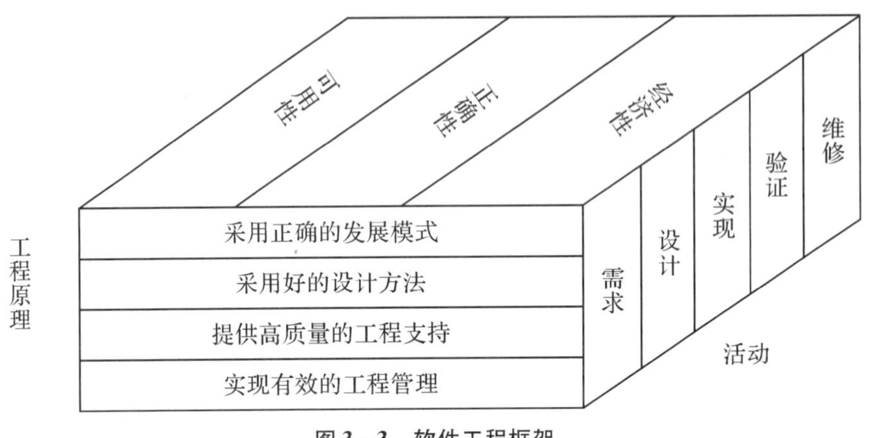

图 3－3 软件工程框架

②软件工程基本目标包括：生产具有正确性、可用性及开销合宜（合算性）的软件产品。正确性指软件产品达到预期功能的程度；可用性指软件基本结构、实现及文档达到用户可用的程度；开销合宜指软件开发、运行的整个开销满足用户的需求。以上目标的实现不论在理论上还是在实践中均存在很多问题，制约了对过程、过程模型及工程方法的选取。

③软件工程活动。生产一个最终满足用户需求且达到工程目标的软件产品需要多个步骤，主要包括需求、设计、实现、确认和维护等。需求活动是在一个抽象层次上建立系统模型的活动，该活动的主要产品是需求规约，是软件开发人员和客户之间契约的基础，是设计的基本输入；设计活动是实现需求规约所需的结构，该活动的主要产品包括软件体系结构、详细的处理算法等；实现活动是设计规约到代码转换的活动；确认是一项评估活动，贯穿于整个开发过程，包括动态分析和静态分析，主要技术有模型评审、代码“走查（Code Walkthrough）”以及程序测试等；维护活动是软件发布之后所进行的修改活动，包括对发现错误的修正、对环境变化所进行的必要调整等。

（3）软件工程基本原则

围绕工程设计、工程支持以及工程管理，提出以下 3 项软件工程基本原则：

①选取适宜的开发风范，以保证软件开发的可持续性，并使最终的软件产品满足客户的要求。

②采用合适的设计方法，支持模块化、信息隐蔽、局部化、一致性、适应性、构造性和集成组装性等问题的解决和实现，以达到软件工程的目标。

③提供高质量的工程支持，例如配置管理、质量保证等工具和环境，以保

证按期交付高质量的软件产品。

（4）软件工程的基本原理

1983 年，美国 TRW 公司的 B. W. Boehm 将众多软件工程的准则概括为著名的 7 条软件工程基本原理。

①按软件生存周期分阶段制订计划并认真实施。

一个软件从定义、开发、运行和维护，直到最终被废弃，要经历一个很长的时期，通常称之为软件生存周期。在软件生存周期中需要完成许多不同性质的工作，所以应把软件生存周期划分成若干个阶段，为每一个阶段规定若干任务、制订可行计划，并按照计划对软件的开发和维护活动进行管理。

②坚持进行阶段评审。

软件的质量保证工作不能等到编码阶段结束之后再进行，因为大部分错误在编码之前便造成，而且错误发现得越晚，为改正它所需付出的代价就越大。因此，在每个阶段都要进行严格的评审，以便尽早发现错误。

③坚持严格的产品控制。

在软件开发过程中不应随意改变需求，因为改变一项需求往往需要付出高额的代价。当需求变更时，为保持软件各个配置成分的一致性，必须实施严格的产品控制，其中主要是实施基线配置管理。

④使用现代程序设计技术。

20 世纪 60 年代提出的结构化程序设计技术，已经成为大多数人公认的能够产生高质量程序的程序设计技术。随着软件产品规模和复杂性的不断增加，采用了更强大的开发方法，如面向方面、模型驱动等开发方法。实践表明，采用先进的技术可以提高软件开发的效率、增加软件的可维护性。

⑤明确责任。

软件产品不同于一般的物理产品，它是看不见摸不着的逻辑产品。软件开发人员或开发小组的工作进展情况可见性较差、难以准确度量，使得软件产品的开发过程比一般产品的开发过程更加难以评价和管理。为了提高软件开发过程的可见性，有效地进行管理，应当根据软件开发项目的总目标和完成期限，规定开发组织的责任和产品标准，使得工作结果能够得到清楚的审查。

⑥用人少而精。

合理安排软件开发小组人员的原则是参与人员应当少而精，即小组的成员应当具有较高的素质，且人数不宜过多（减少通信开销）。提高人员的素质能促进软件开发生产率的提高，明显地减少软件中的错误。

⑦不断改进开发过程。

软件开发过程是将软件工程的方法和工具综合起来，以达到合理、及时地进行计算机软件开发的目的。过程定义了方法使用的顺序、要求交付的文档资料、为保证质量和协调变化所需要的管理以及软件开发各个阶段应采取的活动和必要的评审。为保证软件开发的过程能够跟上技术的进步，必须不断灵活地改进软件开发过程。

三、软件工程技术大会

国际软件工程大会、中国软件工程大会和中国软件技术大会都已举办多年。这些会议的主题代表着当时软件技术的发展水平，能够折射出软件工程技术发展的脉络。

1. 国际软件工程大会

首届国际软件工程大会于 1975 年 9 月在美国华盛顿举行，截至 2014 年 5 月，已成功举办了 36 届，每次大会都结合当时软件工程和软件产业的发展，研讨关键技术问题并展望未来发展，有力地推动了软件工程和软件产业的发展。北京大学杨芙清院士代表中国参加了第 28 届国际软件工程大会，并在大会的开幕式上做了主题发言。

2. 中国软件工程大会

（1）中国软件工程大会简介

中国软件工程大会（China Conference on Software Engineering，CCSE）由希赛顾问团（CSAI）主办，CCSE 是中国软件工程领域和软件行业的盛会。CCSE 倡导百家争鸣，建立一个中立和开放的交流与合作平台，引领软件人对中国软件产业做更多、更深入的思辨，积极推进国家信息化建设和软件产业化发展。

（2）中国软件工程大会主题

历届中国软件工程大会主题如表 3－1 所示。

表 3 - 1　中国软件工程大会主题

时间	地点	大会主题	分会场主题
2003 年	长沙	软件工程	系统分析与设计技术
2005 年 7 月	北京	软件工程	软件工程技术和管理问题
2006 年 9 月	长沙	软件工程	CMM/CMMI、ERP、软件工程、IT 项目管理、信息化
2007 年 6 月	杭州	关注行业发展 聚焦软件工程	未来软件技术、软件学院院长论坛、软件过程改进、软件行业应用
2008 年 11 月	北京	软件工程最佳实践中国软件产业发展	需求工程与架构设计、软件过程改进、IT 项目管理、SOA 关键应用、人才培养
2009 年 11 月	深圳	分享、 改进、创新	架构设计与需求工程、项目管理、过程改进、企业信息化、软件行业应用
2010 年 12 月	北京	创新、 实践、思辨	项目与研发管理、需求与架构、测试与过程改进、行业信息化
2011 年 12 月	长沙	过程改进 项目管理	软件过程改进、软件项目管理、软件工程技术
2012 年 11 月	北京	软件需求	软件需求、软件测试、软件过程改进、软件工程技术
2013 年 12 月	北京	软件工程 十全九美	软件需求与项目管理、质量保证与软件测试过程改进、企业信息化建设等分会场

（资料来源：公开资料整理）

3. 中国软件技术大会

（1）中国软件技术大会简介

首届中国软件技术大会（China Software Technology Conference，CSTC）于 2003 年 12 月在北京举行，已举办 11 届。大会宗旨：注重交流、合作与联合，减少重复的工作，规避一些可能遇到的技术陷阱，对新技术进行利弊分析，总结适合我国的软件发展思路。

（2）中国软件技术大会主题

历届中国软件技术大会主题如表 3 - 2 所示。

表 3－2 中国软件技术大会主题

时间	地点	大会主题	分会场主题
2003 年 12 月	北京	弘扬个性 促进创新	应用与设计、工具与平台、工程与管理、热点话题
2004 年 12 月	北京	引爆争鸣 激发活力	应用实践技术、通用组件和脚本技术、系统产品技术、工程管理及方法论
2005 年 11 月	北京	聚焦应用 关注热点	OpenSource、SOA、BMC 业务管理服务、企业应用、软件工程、热点技术、嵌入式外包、移动应用、企业应用
2006 年 12 月	北京	聚焦行业应用 关注技术创新	基础软件技术、信息管理和应用、业务服务管理、软件人才培养、软件工程与项目管理、开源软件技术、软件安全技术、SOA 与行业应用软件、嵌入式开发和移动应用、电子政务新技术应用
2007 年 12 月	北京	软件技术应用 创新最佳实践	行业应用软件架构和未来软件技术 行业软件应用架构和管理最佳实践 行业软件开发方法和过程改进实践 从数据信息、知识信息到商业智能 移动与嵌入式开发技术、人才培养
2008 年 11 月	北京	整合技术 创新应用	热点软件技术、软件工程实践行业、软件机构和开发方法、热点商业模式、行业应用实践（金融和政府）、移动与嵌入式、数据信息、商业智能
2009 年 11 月	北京	因势而变 蓄势待发	热点软件技术 & 创新商业模式、大型软件工程实践 &创新企业级应用架构设计 & 实践构建应用安全与风险控制企业
2010 年 12 月	北京	中国软件 自主创新	企业级云计算应用、商业智能与数据管理、软件工程管理新视角、Web 与互联网应用最佳企业级软件基础架构、软件安全攻略
2011 年 12 月	北京	技术变革下的 企业级应用	云计算、海量数据、移动开发 & 移动互联、产品管理 & 用户体验、企业级软件工程管理、企业架构
2012 年 11 月	北京	大数据时代的 企业级应用	企业架构 & 云计算、大数据架构 & 分析产品管理 & 用户体验、移动应用 & 移动互联、软件工程管理实践

（续表）

时间	地点	大会主题	分会场主题
2013 年 12 月	北京	大互联网时代的企业级软件应用	大数据分析、云技术 & 企业架构、移动互联 & 应用、产品管理 & 用户体验、开发软件工程管理

（资料来源：公开资料整理）

四、软件工程技术的发展趋势

1．网络化

网络化是信息时代的基本特征，软件产业的发展也由“以机器为中心”向“以网络为中心”变革。随着泛在网、物联网、云计算和移动计算等技术的成熟，软件网络化成为新趋势，网络化软件产品具有分发迅速、使用便捷、收费灵活以及防盗版等特点，正改变着软件的模式。

2．融合化

融合化包含两个层次：其一，多种软件技术的融合发展；其二，软件产业与其他产业之间的融合。一方面，软件的技术体系、业务领域越来越专业化；另一方面，软件与硬件、软件与网络、产品与业务之间的相互融合不断深化。融合化趋势催生了大量新技术、新模式和新业态，创造了巨大的市场需求。

3．智能化

嵌入式系统的发展为软件产业智能化发展带来许多机会。随着智能化的研究和应用，提高了资源配置效率及信息系统的自适能力，扩大了意识思维的领域。智能化成为软件工程技术发展的大趋势。

4．服务化

软件服务化的一种主流模式是云计算，指在高层系统软件控制下各种服务器形成一个具有计算数据处理能力的服务“环境”，被看作是下一代 Internet 技术发展的目标，推进了软件系统的发展，开始从集中的主机环境转变为客户网络结构；软件服务所提供给客户的体验成为市场竞争的关键性因素。

5．工程化

从 20 世纪 70 年代起，软件工程的概念和方法逐渐得到实际应用，以工程化的生产方式设计和开发软件逐渐成熟。工程化趋势推动了软件复用和构件技术的发展，降低了软件开发的复杂性，提高了软件开发的效率和质量。网构软件技术是实现面向互联网的软件工业化与规模化生产的核心技术基础之一，软件产品线是一种基于架构的软件复用技术，有利于形成软件产业内部合理分工，实现软件专业化生产。

6. 可信化

软件的可信化指软件系统的动态行为及其结果能符合使用者的预期，即使在受到干扰时仍能提供连续的服务。它强调目标与现实相符合，强调行为结果的可预测性和可控制性。目前，我国可信软件尚处于初级探索阶段，大力发展我国自有知识产权的可信软件势在必行。

7. 开放化

开放化的主要表现是软件产品标准化和软件源代码开放。开放源代码软件，降低了软件技术和知识产权壁垒，为打破 OS 领域的垄断创造了有利条件。Linux 就是一个开放式的 OS，具有代码开放、分布式开发环境的特点。以开放源代码软件为基础发展软件产业是推动我国软件产业开放化的重要途径。

8. 平台化

数据库、中间件与应用软件相互渗透，向一体化软件开发平台的新体系演变。软件开发平台（Software Development Platform，SDP）有两种模式：一种是传统的 C/S 架构模式，属于单机模式；另一种是现在流行的 B/S 架构模式，是以互联网为基础的网络资源共享模式，即 Web 开发平台。

9. 软硬结合

软硬结合指软硬件互相依存协同发展。硬件依靠软件，使得其作用充分发挥并且更容易使用和控制；软件依靠硬件，有了发挥作用的空间和载体才能体现软件自身的价值。在嵌入式系统、无线通信设备和家用电器中，软件与硬件的结合将更加紧密。

10. 软件定义一切

软件定义一切，不仅仅是一个概念，而是实实在在的技术演进。Gartner 在 2014 年具有战略意义的十大技术与趋势总结中提出软件定义一切（Software Defined Anything），预测这些技术会在未来 3 年里拥有巨大潜力，并在同行业中产生重大的影响。软件定义一切作为下一代企业的基础 IT 架构，未来将主要在 3 个方面影响 IT 产业：其一，加速云计算产业进入成熟期；其二，物联网将迎来发展的春天；其三，未来应用层软件将会加速定义整个世界。软件对于世界的重构几乎无处不在，未来不主动拥抱软件变革的企业必将被软件所重构。

软件工程技术是软件产业的核心，支撑着软件产业的发展。软件工程和软件技术是软件工程技术的两个方面，二者相互联系、相互依存、相互渗透、相互促进、共同发展。软件应用无所不在，正在吞噬整个世界。软件可以定义网络（SDN）、软件可以定义数据中心（SDD）、软件可以定义系统（SDS），软件甚至可以定义世界（SDW）。软件将成为世界的核心和灵魂，成为信息消费的重要引擎和重要内容。

五、知识卡片（三）冯·诺依曼

冯·诺依曼（John von Neumann，1903—1957），20世纪最重要的数学家之一，在现代计算机、博弈论和核武器等诸多领域内有杰出建树的最伟大的科学全才之一，被称为“计算机之父”和“博弈论之父”。冯·诺依曼对人类的最大贡献是对计算机科学、计算机技术、数值分析和经济学中的博弈论的开拓性工作。1944—1945年，冯·诺依曼形成了现今所用的将一组数学过程转变为计算机指令语言的基本方法，当时的电子计算机（如ENIAC）缺少灵活性、普适性。冯·诺依曼关于机器中的固定的、普适线路系统，关于“流图”概念，关于“代码”概念为克服以上缺点做出了重大贡献。对冯·诺依曼声望有所贡献的最后一个课题是电子计算机和自动化理论，精髓贡献有两点：二进制思想与程序内存思想。

第四章　软件产业

软件产业是21世纪最具广阔前景的新兴产业之一，是国家基础性、先导性与战略性产业，是信息产业的核心与灵魂。软件产业作为一种无污染、低能耗、高就业的知识生产型产业，不但能大幅度地提高国家整体经济运行效率，而且自身也能形成庞大规模，拉升国民经济指数。随着信息通信技术（Information Communication Technology，ICT）的发展，软件产业将会成为衡量一个国家综合国力的标志之一。发展软件产业，是一个国家提高国家竞争力的重要途径，也是参与全球化竞争所必须占领的战略制高点。

一、软件产业概述

1. 软件产业定义

（1）产业的定义

在传统社会主义经济学理论中，产业主要指经济社会的物质生产部门，一般而言，每个部门都专门生产和制造某种独立的产品，某种意义上每个部门也就成为一个相对独立的产业部门，如农业、工业、交通运输业等。

（2）软件产业定义

软件产业，即以开发、研究、经营、销售软件产品或以软件服务为主的企业组织及其在市场上相互关联的集合，与信息产业中的硬件产业相对应。

2. 软件产业发展历程

1959年，“软件”作为术语首次被使用，而软件类业务从1949年就已经起步。软件初期的发展几乎都是由美国完成的，近10余年来，世界各国对软件产业都给予了高度重视，在信息产业中，软件成为发展最为迅速的产业。在此借用麦肯锡公司的观点，将全球软件产业的发展划分为5个时代，如图4-1所示。

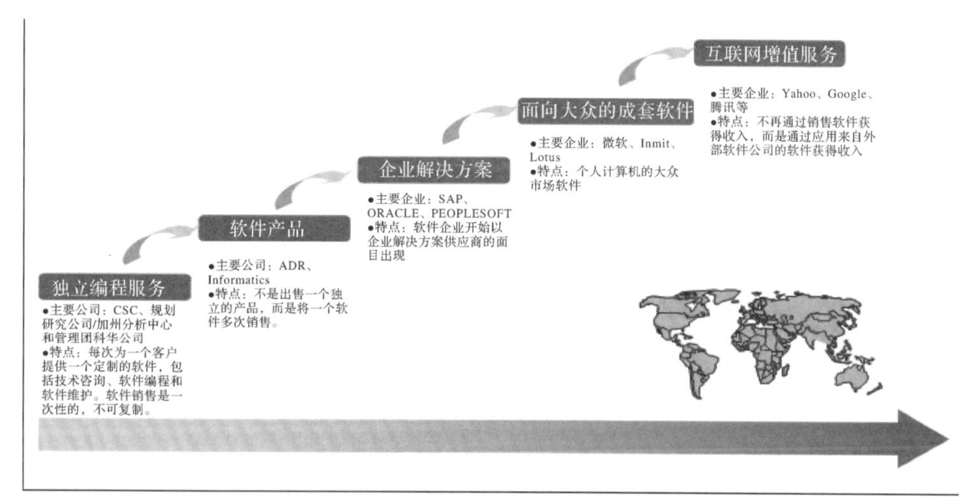

（资料来源：麦肯锡公司）

图4-1　全球软件产业的发展历程

（1）第一代软件产业——独立编程服务

第一代软件产业（1949—1959年）：由第一批独立于硬件厂商的软件公司组成，这些公司是为客户开发定制解决方案的专业软件服务公司，完成独立编程服务。在美国，这个发展过程是由几个大软件项目推进的，这些项目先是由美国政府出面，后来被几家美国大公司认购。这些巨型项目为第一批独立的美国软件公司提供了重要的学习机会，并在美国软件产业中成了早期的主角。

（2）第二代软件产业——早期软件产品公司

第二代软件产业（1959—1969年）：主要由早期软件产品公司组成。在第一批独立软件服务公司成立10年之后，第一批软件产品出现了。这些初级的软件产品被专门开发出来重复销售给多个客户，由此一种新型的软件产品公司诞生了，这是一种要求不同管理和技术的公司。第一个真正的软件产品诞生于1964年，在这个时期，软件开发者建立了至今仍然存在的基础，包括一个软件产品的基本概念、定价、维护以及法律保护手段等。

（3）第三代软件产业——强大的企业解决方案提供商

第三代软件产业（1969—1981年）：强大的企业解决方案提供商的出现。在第二代软件产业后期，越来越多的独立软件公司破土而出，与第二代软件产业不同的是，规模化的企业提供的新产品——可以看出它们已经超越了硬件厂商所提供的产品。最终，客户开始从硬件公司以外的卖主那里寻找他们的软件来源并为其付款。20世纪70年代早期的数据库市场最为活跃，80—90年代许多企业解决方案提供商从大型计算机专有的OS平台转向诸如Unix（1973）、IBM OS/2和微软NT等新的平台。

（4）第四代软件产业——客户大众市场软件

第四代软件产业（1981—1994年）：PC机的出现建立了一种全新的软件——基于PC机的大众市场套装软件。同样，这种市场的出现影响了以前的经营和销售方式。第一批PC机包括：1975年诞生于美国MITS的Altair8800、1977年上市的苹果公司（Apple Inc.）的苹果II型计算机，但是这两个平台都未能成为持久的PC机标准平台。直到1981年IBM公司（International Business Machines Corporation，国际商业机器公司）推出了IBM PC，一个新的软件时代才真正开始。这个时期的软件是真正独立的软件产业诞生的标志，同样也是收缩—覆盖的套装软件引入的开端。微软公司（Microsoft Inc.）是这个时代最成功和最有影响力的代表性软件公司。

（5）第五代软件产业——互联网增值服务

第五代软件产业（1994年至今）：由于Internet的介入，软件产业发展开创了一个全新的时代。高速发展的互联网给软件产业带来了革命性的意义，给软件发展提供了一个崭新的舞台。PC机普及时期，软件是建立在个人计算机平台上的；而互联网出现以后，网络逐渐成为软件产品新的平台，大量基于网络的软件（网构软件）不断涌现，互联网增值服务范围不断扩大，大大地促进了软件产业的发展与繁荣。

3. 软件产业的特征

软件产业是包括软件开发、生产、流通、管理在内的知识密集、智力集中的知识产业，作为一种高新技术产业，软件产业具有明显区别于一般产业的特征。

（1）智力密集

软件产业是高附加值的智力密集型产业，软件企业的竞争力不依赖于任何的自然资源，而主要依赖于人力资源——开发人员、软件市场人员和企业管理人员等。所以，软件专业人才的培养成为软件产业发展的关键。

（2）高投入、高风险、长周期

软件产业是高投入、高风险、长周期的产业。一套大型软件系统需要高技术人才付出大量高强度的智力劳动才能完成。近几十年以来，硬件生产率已有很大提高，而软件的开发效率只提高了3~5倍，这就导致了在计算机系统中软件成本所占比例越来越高。软件行业竞争激烈，开发软件的初始成本大，具有极大的风险。

（3）轻资产运营、受周期影响小

软件产业相对于硬件制造业的最大优点在于软件可以根据需求随时增加销量，即可进行简单的复制生产，不需要大量资本购买土地、厂房以及机器等。没有库存的压力，资本金需求较小。

（4）行业集中度高、抗风险能力强

IT硬件行业在产品标准化条件下，硬件厂商有机会共享市场，而IT软件行业容易出现赢家通吃的局面，只有市场的前三位活得较好。因为相同功能的软件产品（娱乐软件除外）或服务，客户通常只会从中选择一种使用。客户考虑到软件口碑、维护方便等特点，自然会倾向于选择市场占有率较大的产品，而市场占有率越大者，产品通过不断复制，无形中等于是在摊销固定研发成本，可以有更多的资金开发下一代产品，“马太效应”导致大者恒大。

（5）客户的转换成本高、服务购买比例高

客户对于软件产品和服务存在依赖性，且通常转换软件需要学习成本。因此，除非新软件功能相差大到足以吸引客户转换，否则客户对同一类型的产品倾向不会轻易更换。取得市场先机的企业，多先以技术优势暂时取得市场领先地位，通过各种方式扩大市场，以高普及率为目标；等到客户基础稳固，锁住客户的忠诚度、提高竞争者的转换成本以稳定消费层后，再计划取得高利润。

（6）高附加值、高成长

软件的相对附加值高，大约是CPU的2倍、存储芯片的3倍、硬盘的5倍。

全球软件市场以每年约13%的平均速度增长，远远大于世界经济的平均增长速度。软件产业是高成长产业。

（7）研发周期长、生产周期短

软件产品的研发周期一般都很长，需要较长时间的智力投资。而软件产品的生产可以由软件的复制来完成，几乎是零周期。所以，软件产品的盗版可能在瞬间就能完成。

（8）自由竞争与垄断高度结合

软件产业存在自由竞争特性。只有新技术出现初期能够消灭那些曾经的垄断资本，主要表现在新技术与新的资本的结合，软件产业用小资本也可以打天下；在成熟的软件领域垄断很难被打破，而且自由竞争很快又会产生新的垄断。

（9）独立于硬件、不断升级

在软件硬化和硬件软化的过程中，硬件更趋于标准化，而软件则趋向于多样化；软件需要不断升级，没有一个软件开发出来后可以不需要升级维护，除非它已经终结。

（10）服务性强

软件产品售后服务工作量大，而且软件厂商在做系统集成时必须对用户的需求有深入的了解，在实施项目的过程中得到用户的密切配合并不断改进。软件产品的服务成本在软件所有成本中所占比例很大。

（11）全球性强

软件产业全球性强，尤其是互联网的出现给软件产业带来巨大的发展机遇，使得软件产品可以在很短的时间内销售到全球；软件产业又是一个受民族文化风俗习惯影响较大的产业，民族的就是世界的。

（12）管理难度大

软件工程是系统工程，其项目往往工期长、投入大、资金回收慢；脑力劳动多、产品无形、协同性要求高，所以管理上难度较大。

（13）保持增长

软件产业渗透到众多行业，几乎绝大多数行业的发展都会促进软件产业的发展。一般情况下，只要国民经济保持增长，软件产业就会增长，甚至当国民经济衰退时，也有可能保持增长（如现阶段的日本）。

（14）人才聚集、发挥才能

软件产业是一个人才聚集的产业，虽然大型系统需要多人的团队合作，但是软件的第一个版本往往是个人作品（如 Unix、Linux、金山、用友、Skype 等），软件人才的个人才能能够得到充分发挥。

（15）创造不知疲倦的劳动者

软件在运行中忠实地履行开发者为它设计的工作流程，实际上是代替开发者在工作（可理解为开发者的化身），可以说，软件创造出不知疲倦的劳动者。

（16）快速破解、盗版猖獗

一个好的软件产品很可能被快速破解，软件一旦被破解，软件开发者的利益就会受到极大的损害，甚至造成软件企业倒闭；而软件的破解和盗版者会从中获取高额利益。

（17）价格呈下降趋势

近几年，几乎所有行业的产品都在涨价，只有软件产品的价格呈下降趋势。

4. 软件产业的战略意义

（1）环保意义

①无污染。软件的最终产品是存放在计算机上的代码，是没有污染的“无烟工业”，不产生任何环境污染。

②低能耗。软件企业需要的硬件多为计算机，而计算机的耗电量相对工业用电来说是很少的，是相对的低能耗产业。

③高就业。软件产业最关键的要素是人力资源，高质量的“人才”是软件产业的关键因素，软件产业能够创造更多的就业机会。

④可郊区化。软件产业发展对能源和资源的依赖很小，因此不受地理位置的限制，可以在城市的郊区发展。这样既减少了对城市用地的压力，同时也可以带动城郊经济的发展。

（2）在国民经济中的战略地位

软件产业不仅自身在高速发展，而且对国民经济中各个产业、各个层次都具有积极的推动作用；从国家安全和环保角度来看，软件产业更具有特殊的战略意义。因此，我国必须把软件产业的发展放到战略高度，重点扶持和发展。软件产业在国民经济中的战略地位如图 4－2 所示。

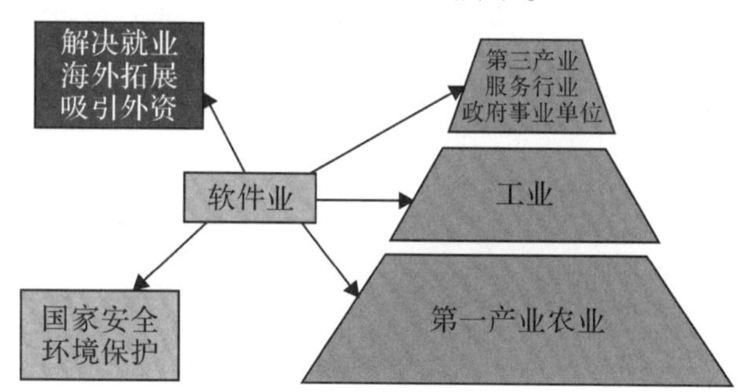

（资料来源：《中国软件产业发展战略研究报告 2013》）

图 4－2　软件产业在国民经济中的战略地位

（3）在未来 IT 领域占重要地位

Gartner 咨询公司发布的未来 4 大 IT 技术趋势如下：①社交化计算；②传感计算；③高级数据分析；④云计算演进。以上各个方面几乎都与软件技术直接或间接相关，由此可见软件技术和产业在未来 IT 领域占有特殊重要的地位。

二、软件产业模式

1. 技术与服务领导型——美国模式

(1) 美国软件产业发展模式

美国在软件技术上处于领先地位，对国际软件行业起到了引导作用，垄断着全球超过80%的计算机系统软件、支撑软件和网络应用软件的市场。美国在全世界招聘高级的软件研发人员，开发技术含量高、通用性强的软件产品，同时在全世界构造了最大的软件销售网络，利用本国资源开发全球市场，一些发展中国家成为美国降低成本提高竞争能力的基地。美国软件产业发展模式为技术与服务领导型。

(2) 美国软件产业促成因素

良好的产业基础、有力的软件知识产权保护、创造良好环境推动竞争、风险投资的发展、政府支持基础研究以提高国家竞争力、美国软件产业优先满足国内市场需要等诸多因素，促成了今天美国软件产业的发展模式，发挥了应有的倍增器作用。

(3) 美国软件产业模式分析

从生产要素、需求条件、支援产业与相关产业、企业战略结构及竞争状态4个方面对美国软件产业发展模式进行分析，如表4-1所示。

表4-1 美国模式分析

生产要素	人才数量多、人才高端、人才结构合理、外部资金雄厚、基础设施齐全，知识产权、专利数、高校数、培训机构都处于世界领先地位
需求条件	国内国际需求巨大
支援产业与相关产业	美国在计算机产业、通信产业、互联网产业中名列前茅，传统产业对软件的需求逐步增加（即信息化）
企业战略结构与竞争状态	全球软件企业500强大多在美国，企业竞争激烈，企业创新能力强，拥有领先的技术储备、制定产业标准的控制力、门类齐全的软件产品和完善的服务体系，开发国际市场并制定标准 目标市场：全球 产业链定位：全程 价值链定位：以产品化环节为核心，逐渐将生产和分销环节外包给其他国家

（数据来源：www. chinalabs. com，2013. 4，下同）

2. 国际加工服务型——印度模式

（1）印度软件产业发展模式

印度软件产业占据了其整个 IT 产业总产值近 80% 的份额，软件出口占据了印度整个出口总额的 20% 左右。培育出一批像 Tata 等国际知名的软件大公司。印度本国市场规模较小，充分利用本国企业和人才优势，以软件服务、软件出口为主，凭借低成本、高质量成为世界的软件加工基地。印度软件产业发展模式为国际加工服务型。

（2）印度软件产业发展经验

政府高度重视，政策上大力支持；重视软件园区、加大资金投入；重视人才的培养；语言（英语）上的优势；重视软件品质。

（3）印度软件产业模式分析

对印度软件产业发展模式的分析，如表 4 –2 所示。

表 4 –2　印度模式分析

生产要素	人才数量多、人才结构合理、外部资金雄厚、基础设施齐全、高校处于世界一流，知识产权、专利数、培训机构都处于世界一流地位
需求条件	国内需求不旺盛，主要依靠出口
支援产业与相关产业	很弱
企业战略结构与竞争状态	主要集中于企业和行业应用软件、外包软件的开发，企业竞争能力强、管理能力强，引入期权薪酬机制，与美国企业保持密切的联系 目标市场：国外 产业链定位：没有国内完整的产业链 价值链定位：生产环节，成为美国的软件工厂

3. 其他国家软件产业模式

（1）生产本地化型——爱尔兰模式

爱尔兰根据欧洲地区需要 20 多种不同语言的软件市场，将自己定位为美国软件公司产品欧洲化版本的加工基地，成为美国公司进入欧洲市场的门户和集散地。爱尔兰软件产业发展模式为生产本地化型。

（2）嵌入式系统开发型——日本模式

日本把软件产业当成软件工厂来发展，把软件看成一种附加值，把软件的开发作为工厂生产可以循环的一个过程，而没有在中间加入更多的创新。软件公司规模都不大。日本以硬件带动软件发展，日本模式为嵌入式系统开发型。

（3）企业级应用及自主研发型——德国模式

德国软件产业可分为“主要软件企业”和“辅助软件企业”两类。“主要软件企业”指除从事数据处理服务的企业外，还包括数据处理设备制造商。其中2/3的主要软件企业从事自主开发原始软件。“辅助软件企业”指机械制造、电子、通信、汽车、金融服务等行业的企业，在这些企业中软件开发也占有相当重要的地位。德国模式为企业级应用及自主研发型。

（4）技术顶尖、自主发展型——以色列模式

以色列是世界三大新兴软件开发中心之一，其软件产业成功发展的模式为：拥有欧美市场、实现出口导向；在安全软件、商业管理软件、嵌入式软件等许多方面拥有相应核心技术的知识产权。以色列模式为技术顶尖、自主发展型。

4. 中国软件产业发展模式

（1）中国软件总体发展模式

我国软件产业发展的总体模式是：既要建立有效机制重视基础研究和关键技术领域的创新，又要按照比较优势原则大力发展技术比较成熟的软件加工与服务业，充分利用我国大量的中低层智力资源，积累技术和资金，逐步进行产业升级，同时，软件产业的发展要密切结合传统产业的信息化升级改造。

（2）多元化发展模式

中国是世界上的软件使用大国，任何单一的模式都不适合中国的国情，不能照搬任何一种模式。从国家安全和长远发展角度考虑，中国软件产业必须高度重视基础软件的自主创新；内需的拉动作用不可忽视；软件出口与外包也应重视。总之，中国软件产业必须走多元化发展道路，中国应该从软件使用大国逐渐成为软件制造大国，最终走向软件创造大国。

三、软件产业现状

软件产业已成为继汽车、电子之后的第三大产业，超过了航空和制药业。软件商可分为两类：以硬件为主的厂商和以软件为主的厂商，前者的代表性企业是IBM公司，后者的代表性企业是微软公司。

1. 全球软件产业现状

（1）全球概况

①从“以硬件为核心”向“以软件为主导”的方向过渡。全球计算机行业分为3大块：硬件、软件（含系统集成）和信息技术服务业。自20世纪80年代以来，国际计算机产业结构逐渐从“以硬件为核心”向“以软件为主导”的方向过渡。

②各国在软件产业中的地位。美国是世界上最大的软件超级强国，全球软件销售额约60%在美国。美国的软件厂商几乎垄断了全球的操作系统软件和数据库软件。日本软件市场居全球第二，10大软件商中有2家在日本。10年前印度软件业与我国几乎同时起步，但现在产值远远超过了我国。

（2）全球软件产业分布

软件、软件企业、软件产业经过多年发展，各个国家依托自身的发展模式，已经形成以美国、印度、爱尔兰等国为主的国际软件产业分工体系。全球软件产业分布如图4-3所示。

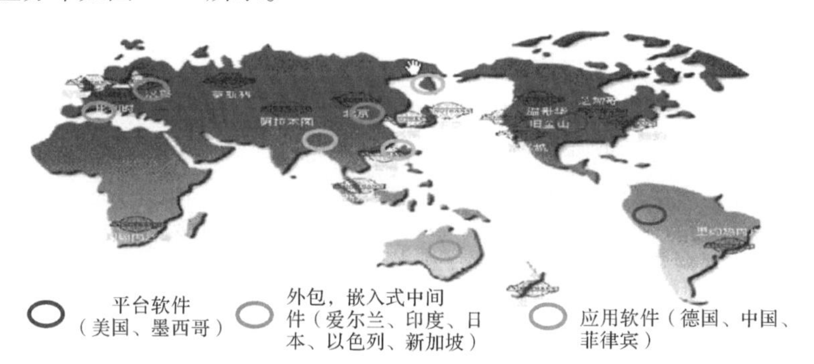

（数据来源：www.chinalabs.com，2013.4）

图4-3　全球软件产业分布

软件产业链的上游为操作系统、数据库等基础平台软件，主宰着整个产业，决定产业内的游戏规则，大部分上游企业位于美国；软件产业链的中游主要分为子模块开发和独立的嵌入式软件开发两类，它们可以回溯影响上游规则的制定，前一类以印度、爱尔兰为代表，后一类日本实力比较强大；下游分为高级应用类软件［Enterprise Resource Planning（ERP），Supply Chain Management（SCM）等］、一般应用类软件和系统集成中的软件开发三类，主要是在上游的基础平台上进行的二次开发，中国此方面发展较快。

（3）国际软件产业规模及增速

2000年之后，世界软件产业规模快速增长，国际软件产业规模及增速如

图 4 -4所示。

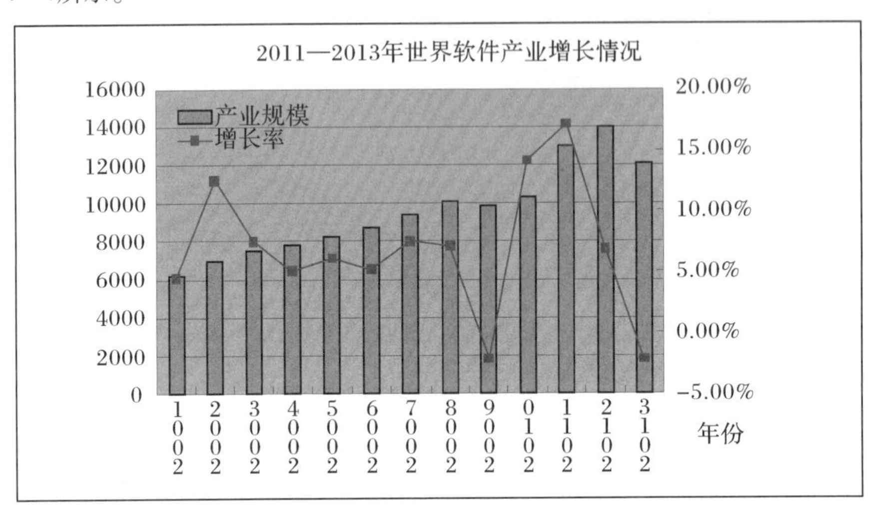

（资料来源：中国软件行业协会/工业和信息化部情报研究所，美国 Gartner 公司）

图 4 -4 国际软件产业规模及增速

2. 中国软件产业现状

（1）中国软件产业概况

中国软件产业始于20世纪80年代中期，近年来得到了快速发展。国务院办公厅2002年9月18日发布了《振兴软件产业行动纲要（2002年至2015年)》，纲要指出，软件产业是国民经济和社会信息化的基础性、战略性产业。国家已经把对软件的重视程度上升到战略层面，我国软件产业的政策环境不断改善，增长速度明显加快，软件产业对经济社会发展的作用逐步增强，中国软件产业处于黄金发展期。

（2）发展软件产业的有利因素

政府先后出台多项关于软件行业的优惠政策，确认软件是信息产业的核心和灵魂，是国民经济的倍增器，是未来最具活力和前景的产业之一。我国软件产业市场巨大，10余年来储备了众多软件人才，软件产业平均成本较低。

（3）中国软件行业存在的主要问题

我国软件产业发展水平较低，软件企业规模普遍偏小、实力较弱、缺乏核心技术、产品竞争力弱、出口能力较差；软件产业在企业地域分布上、行业市场结构分布上等方面严重失衡；人才缺口大、结构不合理；集中度低、资金不足、管理效率低和产品低水平重复；软件盗版依然存在；软件设计与测试尚未与国际接轨，产品难以推向国际市场；外资企业占主导。

（4）目前市场销售状况

目前每年上市的国产软件新品种达1000个左右。通用软件产品热点主要集中在教育软件、游戏软件、电子图书光盘/多媒体类软件、反病毒软件、PC操作系统及中文平台以及CAD/CAM等软件上；整体价格下降趋势明显；在我国，软件生命周期偏短，一般的游戏产品仅为3个月左右，教育软件和电子图书光盘为6个月，其他种类的软件大约为1年。由于技术进步与竞争加剧，软件的生命周期还有缩短的趋势。

（5）中国软件业务收入排名前10企业

工信部近日发布了2014年（第13届）中国软件业务收入排名前100企业名单，前3名依次为：华为（1216亿元）、中兴通讯（463亿元）、海尔集团（401亿元）。第4～10名的企业分别为：北大方正、浪潮集团、南京南瑞集团、海信集团、南京联创科技、东软集团和中国银联股份有限公司。

（6）软件出口呈逐年递增趋势

中国国内软件出口呈现上升趋势，但同印度相比还有很大差距。印度的出口额数倍于我国，两国出口绝对值之间的差距呈现出不断拉大的趋势。因此，我国在软件出口方面还有很大的上升空间，积极争取海外市场对我国软件产业的发展意义重大。

3. 软件产业辐射能力暴增

①软件产业的渗透性和辐射力。

②软件产业助力各大行业。

③嵌入式软件促进制造业转型升级。

④软件产业对硬件产业的提升作用。

4. 软件产业拉动社会经济

近10余年来，中国软件产业始终保持了持续快速的发展态势，软件产业销售额年均增幅远远超过了GDP（Gross Domestic Product）的增长幅度，软件产业的发展对中国整体经济起到了重要的拉动作用。发展软件产业的意义不仅在于其自身发展和对制造业的辐射作用，软件产业对整个社会经济（第一、第二和第三产业全程）都具有很大的拉动作用。其一，通过各种软件提高农村信息化程度；其二，提高第二产业信息化程度；其三，提高第三产业以及政府部门信息化程度；其四，发展软件产业，培养软件人才，缓解就业压力。

四、软件产业未来发展趋势

1. 软件产业发展趋势

(1) 网络化

网络化成为软件技术发展的基本方向。计算技术的重心正在从计算机转向互联网，互联网成为软件开发、部署与运行的平台，将推动整个产业全面转型。软件即服务（SaaS）、平台即服务（PaaS）、基础设施即服务（IaaS）等不断涌现，泛在网、物联网、移动计算、云计算以及大数据都是软件网络化趋势的具体体现。

(2) 服务化

服务化成为软件产业转型的本质特征。软件构造技术和应用模式正在向以用户为中心转变。云计算是软件服务化的一种主流模式，它可以按照用户需要动态地提供计算资源、存储资源、软件应用资源等，具有可动态伸缩、使用成本低、可管理性好、节约能耗及安全便捷等优点。在服务化趋势下，向用户提供软件服务所带来的体验成为竞争的决定因素。

(3) 智能化

智能化是软件技术发展的永恒主题。智能化是在海量信息基础上实现知识的自动识别，赋予信息系统自适应能力及大幅地提高资源配置效率。软件的感知范围逐步由温度、水、气、物体等物理形态向意识思维领域拓展，软件将能够从复杂多样的海量数据中自动高效地提取所需知识，软件开发语言将更加高级化，工具将更加集成化。

(4) 平台化

平台化是软件技术和产品发展的新引擎。操作系统、数据库、中间件和应用软件相互渗透，向一体化软件平台的新体系演变。硬件与操作系统等软件整合集成，可降低 IT 应用的复杂度，适应用户灵活部署、协同工作及个性应用的需求。在平台化趋势下，软件的竞争从单一产品的竞争发展为平台间的竞争，未来软件产业将围绕主流软件平台构造产业链。

(5) 融合化

融合化是软件技术和产业发展的新空间。软件技术和产业正步入高度分化基础上的高度融合阶段。传统产业的改造升级将推动应用软件需求的增长，传统意义上的机械化、电气化、自动化等“硬装备”转化为数字化、智能化、网络化等“软装备”的核心技术，促进了软件产业与其他产业之间的融合不断深化。软件企业适应市场需要不断拓展并升级其产品领域、推进产业链和集群式发展，以形成行业竞争的新优势。一方面，软件的技术体系、业务领域越来越专业化；另一方面，软件与硬件、软件与网络、产品与业务、软件产业与其他产业之间相互融合不断深化。融合化趋势催生了大量新技术、新模式、新业态，创造了巨大的市场需求。

（6）全球化

软件的全球化是为进入全球市场而进行的有关的商务活动，包括软件进行正确的国际化设计，软件本地化集成以及在全球市场进行的市场推广、销售和支持的全部过程。软件全球化思想是经济全球化背景下的必然结果，软件全球化思想是软件产业自身发展的需要；通过软件全球化可以开辟国产软件的海外市场，而大量的海外资金和人才也推动了国产软件的发展；软件全球化有利于改善中国的软件环境，让中国越来越多地与国际接轨，在知识产权保护、金融环境、软件标准等方面向国际标准看齐，在大大地提高软件产品品质的同时，扩大软件市场的规模。

（7）开放化

软件产业开放化包括：软件产品的开放、软件市场的开放、软件资本的开放以及软件人才的开放。其中，软件产品的开放包括软件开放标准和软件开放源代码。开放标准的目的是为了异构系统之间能够交换一些基本的信息，较好地解决互联网与相关 IT 技术的互操作性；而开放源代码软件（Open Source Software，OSS）的目的是为了大众参与，让开放源代码软件系统壮大、迅速传播并发展。

2. 软件在 IT 前沿技术中占有重要地位

综合近年来美国网络和信息技术国家协调办公室、美国自然科学基金委、Gartner 等国际 IT 权威机构发布的信息显示，当前国际上关注的 IT 前沿技术与需优先攻克的关键技术有如下 10 个方面。

①大规模网络体系：传感器网和互联网的高效融合；

②高端计算（虚拟计算、网格计算、云计算、泛在计算等）：资源聚合的有效性和可靠性检验；

③系统芯片（集成芯片）：从片上系统（System on Chip）转向按需芯片（Chip on Demand）；

④软件工程：基于网络环境的需求工程；

⑤知识处理（海量数据库和数据挖掘）：挖掘从信息到知识再到决策的源知识；

⑥高效系统：在高性能计算系统中特别关注高效能；

⑦高可靠软件和系统；

⑧移动和无线通信；

⑨开放源码；

⑩面向服务的体系结构（Service－Oriented Architecture，SOA）。

上述10项技术均与软件直接或间接相关，这些技术的攻克将会推动软件产业及其所辐射行业的快速发展。

3. 中国软件产业的创新机遇

发展新一代信息技术，增强网络空间安全，用自主可控、安全可信的国产软硬件替代进口是中国软件业的创新机遇。

(1)“核高基”支持的基础软硬件

“核高基”支持发展国产CPU、国产基础软件（操作系统、数据库、中间件等），是为了奠定中国自主信息产业体系的软硬件基础和中国网络空间的安全基础，具有极其深远的影响。“核高基”支持的基础软硬件基本可用。今后应大力推广基于国产基础软硬件的系统，重要信息系统已可以从进口系统逐步替换为国产系统，促进软件产业的创新。

(2) 云计算等新一代信息技术大有可为

以云计算为代表的新一代信息技术，我国起步较早、发展很快。目前在这个领域活跃的有几类企业：一是互联网企业，目前美国和中国的企业形成了第一梯队，遥遥领先于世界其他国家；二是原来ICT领域企业的成功转型，成为云计算基础设施或解决方案的提供商；三是新兴的云计算企业，发展起较完整的产业链，具有较多的自主知识产权和丰富的商业模式。

(3) 国产网络设备可以替代国外产品

目前，华为、中兴等国产网络设备的性价比已超过思科设备，但是由于历史原因，我国网络设备还大量地采用思科等进口设备，“棱镜门”事件表明，这种情况存在着严重的安全隐患。为此，应尽快用国产网络设备替换进口设备。网络设备的核心技术主要是软件，其中的芯片设计技术也属于软件范畴，所以发展国产网络设备，关键在于发展软件。

（4）金融业“去IOE”势在必行

我国金融业存在“IOE”（IBM、Oracle、EMC）依赖症，“去IOE”是一个艰巨的任务。“核高基”支持的基础软硬件基本可用，为“去IOE”提供了重要的支撑。由于金融业的要求很高，今后这些软硬件的水平还需要继续提高；金融业中大量应用的高端容错计算机（俗称“主机”）过去全被IBM、HP公司所控制，最近，在“863”计划支持下，浪潮天梭K1和华为H8000研制成功，其性能指标可与进口“主机”相抗衡，而价格却低得多（约为1/2），已在试用，为国产“主机”逐步替换进口“主机”创造了条件。

（5）工业软件发展强劲

在“四化同步”“两化融合”方针的指引下，近年来我国工业软件有了很大的发展。工业软件可以提高产品附加值、提高产品质量、降低企业成本、节能减排、提高企业的核心竞争力，是使我国从“制造业大国”向“制造业强国”发展的关键之一；工业软件是“两化融合”的切入点、突破口和重要抓手，对推进我国工业结构调整和产业升级、保持经济平稳较快发展具有重大的意义。

（6）国产经营管理软件前景乐观

在经营管理软件领域，我国用友、金蝶和浪潮等国产软件已占据较大市场份额。不过，在高端的央企等大型企业市场，仍是SAP（Systems Applications and Products in Data Processing）等外国软件占据大头。央企等大型企业有“SAP依赖症”，但实际上SAP不完全适应中国国情，软件的修改、定制、采购及运维成本都很高。今后大型企业应强调信息安全，推进“去SAP”。

（7）中国需要自主的OS

长期以来，桌面PC机OS被微软的Windows所垄断，新一代信息技术尤其是移动互联网兴起之后，逐渐削弱了这种垄断。但要在桌面PC机领域替换Windows仍需做很大努力；中国的移动互联网市场巨大，但缺乏自主OS，无法构建自主生态系统，大多数移动终端厂商依托Android，缺乏发展主动权，也不能有效地保障海量运营信息的安全。中国需要自主的OS，基于开源Linux发展中国OS是切实可行的途径，既能自主可控又能满足市场的迫切需求。

（8）信息安全产品需求旺盛

在信息安全领域，中国企业有一定的优势，再加上“棱镜门”事件增强了对信息安全的需求，今后这个领域有很大的创新空间。安全OS是决定一个系统信息安全的基础软件，目前，麒麟OS和凝思磐石OS都通过了国家和军队权威部门最高安全等级测评，安全功能达到了结构化保护级并超过了进口 OS 的水平。在杀毒软件、防火墙、安全网关、入侵检测以及应用监督等各个类别的信息安全产品中，我国企业都能与跨国公司竞争，占据较大的份额。

软件产业的第一生产要素是软件人才，而中国拥有世界最大的科技人力资源，同时，中国又有巨大的内需市场，足以支撑软件业的发展。因此，软件产业理应成为中国的优势产业，中国软件业的发展具有极大的潜力。今后要更加强调科技创新，纠正“重硬轻软”“崇洋媚外”等错误倾向，突出信息安全保障，大力推行以自主可控、安全可信的国产软件替换进口软件，促进中国软件产业的跨越式发展。

五、知识卡片（四）摩尔定律

摩尔定律（Moore's Law）是由英特尔（Intel）创始人之一戈登·摩尔（Gordon Moore，1929. 01. 03— ）提出来的。其内容为：当价格不变时，集成电路上可容纳的晶体管数目，约每隔 18 个月便会增加 1 倍，性能也将提升 1 倍。就摩尔定律延伸，IC 技术每隔一年半推进一个世代。摩尔定律是简单评估半导体技术进展的经验法则，其重要的意义在于长期而言，IC 制程技术是以直线的方式向前推展，使得 IC 产品能持续降低成本，提升性能，增加功能。但最新的一项研究发现，“摩尔定律”的时代将会退出，因为研究和实验室的成本需求十分高昂，而有财力投资在创建和维护芯片工厂的企业很少。而且制程也越来越接近半导体的物理极限，将会难以再缩小下去。

第二篇

信息灵魂——基础软件

计算机软件分为基础软件和应用软件两大类。基础软件是具有公共服务平台或应用开发平台功能的软件系统。其中具有公共服务平台功能的软件有操作系统和办公软件，具有应用开发平台功能的软件有编程语言和中间件，兼具两种功能的软件有数据库和嵌入式软件。2006 年国务院发布的《国家中长期科学和技术发展规划纲要（2006—2020 年）》中，“核高基”（对核心电子器件、高端通用芯片及基础软件产品的简称）与载人航天、探月工程等并列为 16 个重大科技专项，由此可见国家对基础软件的高度重视。“核高基”的适时出台，犹如助推器，给了基础软件更强劲的发展支持力量。

第五章 操作系统

操作系统（Operating System，OS）是管理和控制计算机硬件与软件资源并为用户提供交互操作界面的计算机程序，是直接运行在“裸机”上的最基本的系统软件，任何其他软件都必须在OS的支持下才能运行。OS的种类很多，各种设备安装的OS可从简单到复杂，可从手机的嵌入式OS到超级计算机的大型OS。目前流行的现代OS主要有Windows、Unix、Linux、Mac OS X、Android、iOS、BSD、Windows Phone和z/OS等，除了Windows和z/OS等少数OS外，大部分OS都为类Unix OS。

一、操作系统概述

1. 操作系统的定义

（1）定义一

操作系统是管理计算机硬件资源、控制其他程序运行并为用户提供交互操作界面的系统软件的集合。OS是计算机系统的关键组成部分，负责管理与配置内存、决定系统资源供需的优先次序、控制输入与输出设备、操作网络与管理文件系统等基本任务。

（2）定义二

操作系统是管理和控制计算机硬件和软件资源的计算机程序，是支撑软件系统运行的核心平台。它控制着CPU工作、存储器访问、设备驱动以及中断处理等硬件，同时又为应用程序提供友好的用户界面和优质的服务。OS是用户与计算机的接口，任何软件都必须在OS的支持下才能运行。

（3）定义三

操作系统位于底层硬件与用户之间，是两者沟通的桥梁。用户可以通过OS的用户界面输入命令，OS则对命令进行解释、驱动硬件设备并实现用户要求。

2. OS 的发展历程

(1) OS 从无到有

OS 从无到有，随着计算机硬件技术的发展而发展。为了充分利用硬件，对计算机硬件的控制经历了从手工操作、批处理并最终产生真正意义上的 OS 的发展历程；为了提供更好的服务，OS 从早期简单的黑底白字命令行模式发展到现在的可以用指尖滑动的图形用户界面模式。

(2) PC OS 的发展历程

PC OS 包括 DOS、Mac OS、Unix、Windows 以及 Linux 等，主流 OS 的发展历程如图 5 - 1 所示。

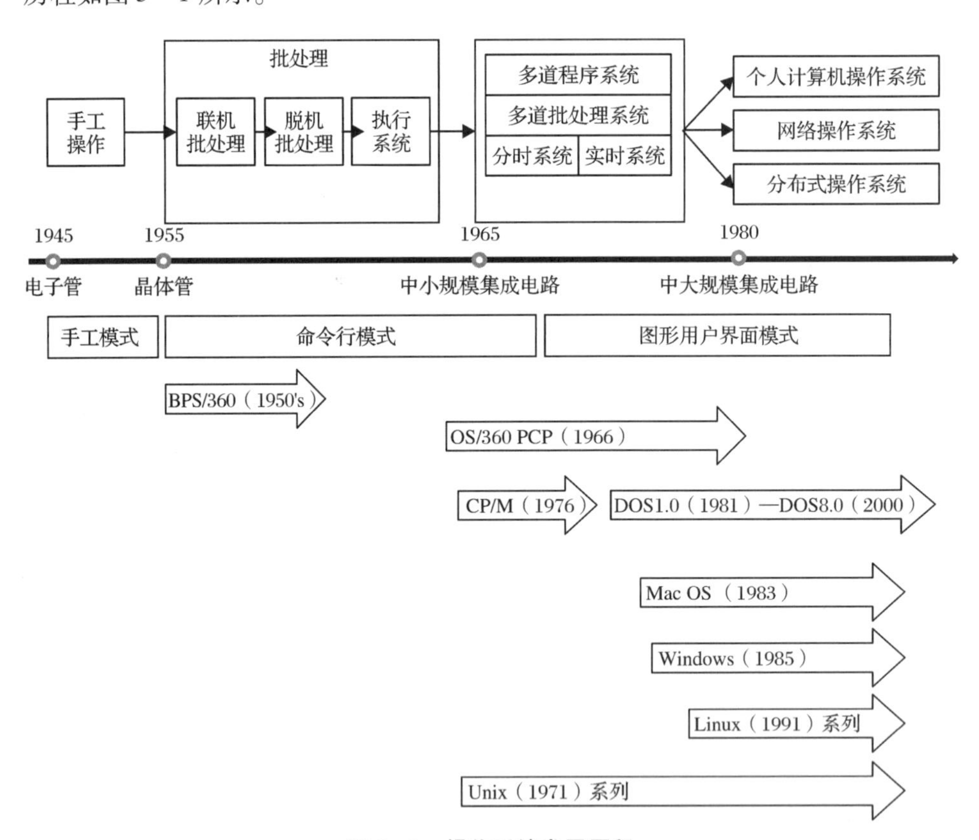

图 5 - 1 操作系统发展历程

3. OS 的主要功能

(1) OS 的主要功能

OS 的主要功能包括资源管理、程序控制及人机交互等。计算机系统的资源可分为设备资源和信息资源两大类。设备资源是指组成计算机的硬件设备，信息资源是指存放于计算机内的各种数据、系统软件以及应用软件等。

（2）标准 PC OS 的功能

标准 PC 机的 OS 应该提供以下功能：①进程管理；②内存管理；③文件系统；④网络通信；⑤安全机制；⑥用户界面（User Interface，UI）；⑦驱动程序；⑧资源管理；等等。

4. OS 的分类

OS 的种类很多，各种设备安装的 OS 可从简单到复杂、可从手机的嵌入式 OS 到超级计算机的大型 OS。可以从不同角度对 OS 进行分类，如图 5－2 所示。

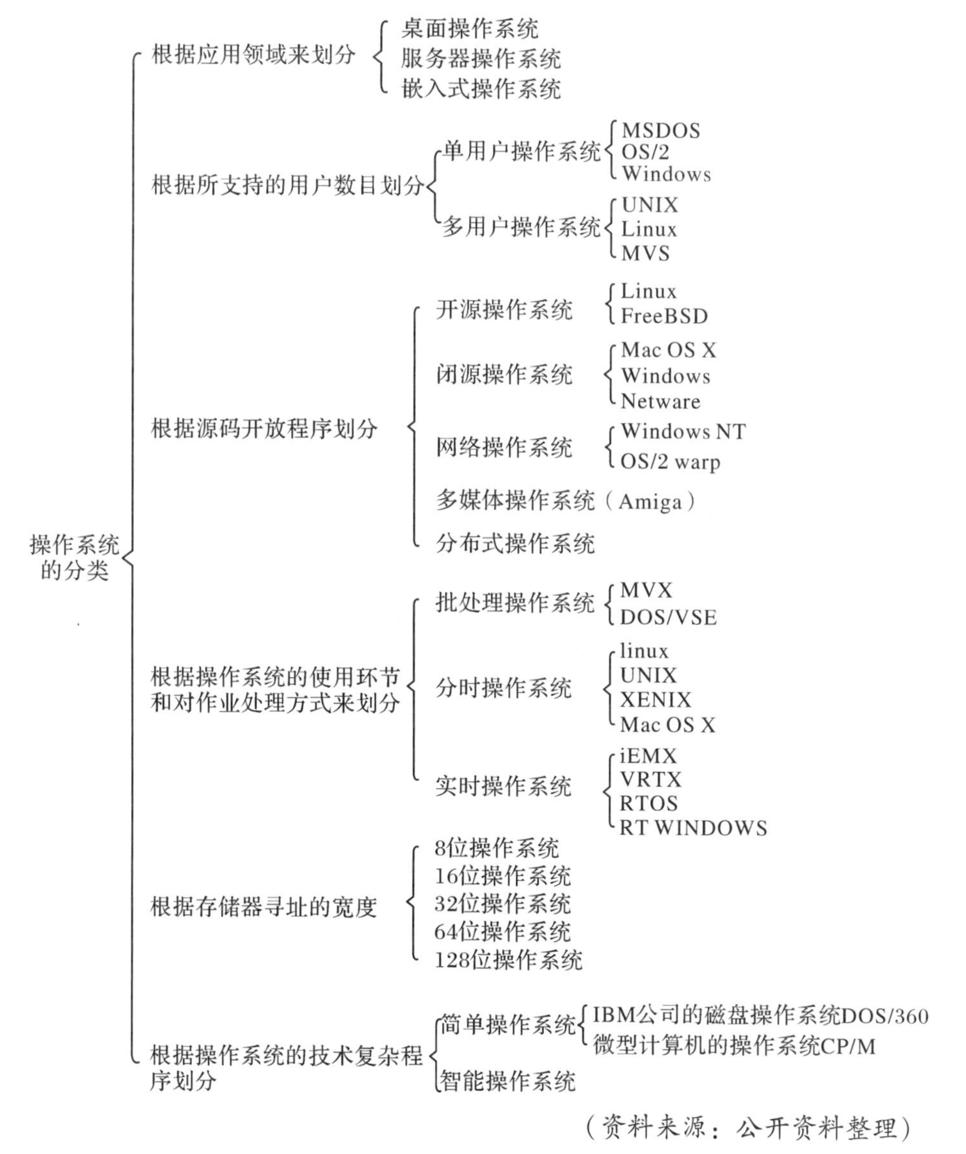

（资料来源：公开资料整理）

图 5－2　操作系统的分类

二、OS 相关技术

1. OS 组成部分

通常可将 OS 分成驱动程序、内核、接口库以及外围程序 4 大部分。

（1）驱动程序

驱动程序是最底层的、直接控制和监视各类硬件的部分，其职责是隐藏硬件的具体细节，并向其他部分提供一个抽象的、通用的接口。

（2）内核

内核是 OS 的核心部分，通常运行在最高特权级，负责提供基础性、结构性的功能。

（3）接口库

接口库是一系列特殊的程序库，是最靠近应用程序的部分，其职责在于把系统所提供的基本服务包装成应用程序所能够使用的编程接口（API）。例如，GNU C 运行期库就属于此类，它把各种 OS 的内部编程接口包装成 ANSI C 和 POSIX 编程接口的形式。

（4）外围程序

外围程序是指 OS 中除以上三类以外的其他部分，通常是用于提供特定高级服务的部件。例如，在微内核结构中，大部分系统服务以及 UNIX/Linux 中各种守护进程都通常被划归此类。

2. OS 整体结构

（1）OS 的多种组成

并不是所有的 OS 都严格包括 4 大部分。例如，在早期的微软视窗 OS 中，各部分耦合程度很深，难以区分彼此；而在使用外核结构的 OS 中，则根本没有驱动程序的概念。

（2）OS 常见结构

由于 OS 中 4 大部分的不同布局，所以形成了几种整体结构。常见的结构包括：简单结构、层结构、微内核结构、垂直结构以及虚拟机结构。

3. 并行 OS 技术

（1）并行 OS

并行 OS（Parallel Operating Systems，POS）是沟通并行计算机（或计算机系统）和在其基础上运行应用的 OS。并行 OS 把可用的硬件资源翻译成可用的汇编语言。

（2）并行 OS 的发展

自 20 世纪 80 年代开始，随着并行分布式硬件体系结构的成熟以及并行分布算法的发展，并行 OS 经历了从改造单机版本（并行化）、增加模块（网络模块、网络文件系统、分布式服务器等）逐渐向全新的设计（如微核心化、面向对象的 OS 设计等）方向发展的历程，从发展初期逐步走向成熟。

（3）并行措施

①资源重复，在并行性概念中引入空间因素。这种措施提高计算机处理速度最直接，随着硬件价格的降低，已在多处理器系统、陈列式处理机等多种计算机系统中使用。

②资源共享，多个用户按一定的时间顺序轮流使用同一套硬件设备，既可以是按一定的时间顺序共享 CPU，也可以是 CPU 与外围设备在工作时间上的重叠。

这种并行措施体现在多道程序和分时系统中，而分布式处理系统和计算机网络则是更高层次的资源共享。

（4）典型的并行 OS 技术

典型的并行 OS 有 UNIX SYSTEM v4.0 MP（AT&T 公司）、DG/UX（DG）、IRIX（SGI）、RISC/OS 5.0（MIPS）以及 Solaris OS（SUN）等。

4. 智能移动终端 OS 技术

（1）智能手机 OS 发展历程

手机不再是一个只能打电话或发短信的简单工具，而是实现了从功能机到智能手机的全面转型，成为移动互联网的承载平台。OS 的竞争已经从原来的 PC OS 进入了移动 OS 时代。智能手机 OS 发展历程如图 5－3 所示。

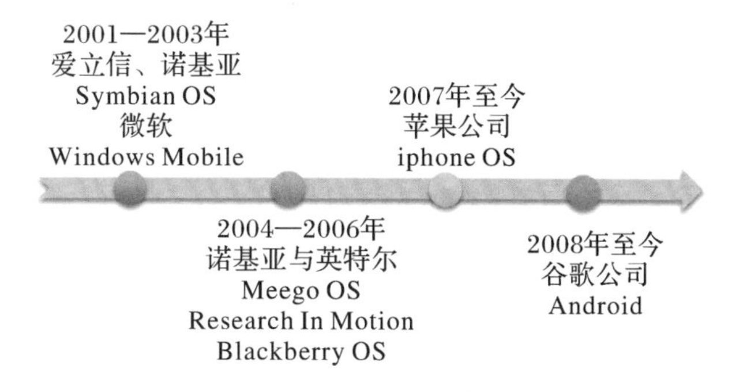

图 5－3 智能手机 OS 发展历程

（2）智能手机OS功能强大

智能手机OS是一种运算能力及功能比传统功能手机OS系统更强的手机OS。智能手机具有独立的OS以及良好的用户界面，它拥有很强的应用扩展性，能方便随意地安装和删除应用程序。

（3）智能手机OS的变革

智能手机OS从20世纪90年代起发生了一系列变革，诺基亚、微软、英特尔以及黑莓等公司都纷纷推出自己的智能手机OS。目前最主要的是谷歌的Android OS和苹果的iOS OS，它们正在形成“二分江山”的激烈竞争态势。

5．Android

（1）Android简介

Android是Google公司于2007年11月5日发布的基于Linux平台的开源手机OS，由OS、中间件、用户界面和应用软件组成，主要用于便携设备。它是第一个为移动终端打造的真正开放和完整的移动OS。

（2）Android的主要特点

①无界限的应用程序；②应用程序平等创建；③应用程序可以轻松地嵌入网络；④应用程序可以并行运行。

（3）Android的优点

①开放性。Android系统源代码开放，无专利限制，这是Android系统最大的优势。开发者可以共享源码，不需要黑箱技术，一方面能大大节约开发成本，另一方面也能够获得更多开发者的支持，提供更多新颖的应用软件。

②无缝结合的Google服务。应用Google提供的大量服务如地图、邮件、搜索等已经成为连接用户和互联网的重要纽带，而Android移动OS将无缝结合这些优秀的Google服务。这无疑为客户提供了更人性化的便捷服务。

（4）Android的缺点

①缺乏统一管制；②由于开源策略可能导致一些安全隐患。

6．iOS

（1）iOS概念

iOS是由Apple公司于2007年1月9日在Macworld大会上公布的移动OS，iOS最初仅供iPhone使用，因此它的原名叫作iPhone OS，后来陆续套用到iPod touch、iPad以及Apple TV等产品上。到2010年6月WWDC大会上，它才正式更名为iOS。iOS与Apple的Mac OS一样，都是以Darwin为基础，因此同样属于类 Unix 商业 OS。

（2）iOS 的主要特点

①系统全封闭；②统一性和唯一性。

（3）iOS 的优点

①流畅的操作体验。由于 iOS 闭源的特点，更多的系统进程都在苹果的完全掌控之中，因而不会出现开源系统中普遍存在的由于后台程序繁多而影响系统响应速度的现象；iOS 的图标化界面彻底改变了手机操作方式，大大提高了用户的操作体验。

②高质量的应用软件。iOS 上的应用程序和游戏在移动设备中，无论是画面还是音效都是手机领域的顶级之作。

③安全稳定。iOS 系统具有精密的内核和精巧的外形，涵盖了计算机业界的新技术和相关内容的标准技术，提供了深入核心的安全性和稳定性。

（4）iOS 的缺点

①系统闭源的限制；②垄断品牌效应，通用性和兼容性较差且价格偏高。

三、OS 发展现状

目前有代表性的 PC OS 有 DOS、Mac OS、Windows、Linux 以及 Unix 等，现对各 OS 发展现状做以下简介。

1. DOS 系列 OS

DOS（Disk Operating System，磁盘 OS）是一类运行在 PC 机上的黑底白字的命令行模式、单用户单任务 OS。因为它直接操纵用户磁盘文件，所以称之为磁盘 OS。从 1981 年上市直到随后的 15 年，DOS 一直在市场中占有举足轻重的地位。但目前，除了个别 POS 机外，基本上所有的计算机都不再使用 DOS 系列的 OS。

2. Mac 系列 OS

Mac OS 是一款运行在苹果 Macintosh 系列计算机上的 OS，也是世界上第一个在商业领域成功运行图形化界面的 OS。Mac OS 最大的特点就是其专用性，它仅能安装在 Macintosh 系列计算机（如 iMac 等）上。Mac OS 价格偏高，但其市场价值不断被放大，销售情况逐年上升。

3. Windows 系列 OS

Windows 是由微软公司开发制作的一款图形化界面的桌面 OS，因其友好的图形化界面，使得用户的体验性更高、操作更简单便捷。Windows 在全球桌面 OS 市场占有巨大的份额，同时在中端的服务器市场也有广泛的应用。随着移动平板业的发展，Windows 逐渐迈入触屏 OS 时代。

4. Linux 类 OS

Linux OS 的内核最早是由芬兰的李纳斯·托沃兹在 1991 年提出的，经过众多工程师的不断完善和改进，逐渐变成了今天所能看到的 Linux。Linux 是一套开源和自由传播的类 Unix 的多用户、多任务、支持多线程和多 CPU 的 OS，并且继承了 Unix 以网络为核心的设计思想，是一款性能较为稳定的多用户网络 OS。除此之外，Linux 同时兼备字符化界面和图形化界面，能够支持多种硬件平台和多处理器技术，可以在多个处理器间同时工作，大大地提高了系统的性能。

5. Unix 系列 OS

Unix OS 于 1971 年最早运行于美国 AT&T 公司的 PDP - 11 上，具有多用户、多任务的特点，支持多种处理器架构。起初 Unix 提供源码给各大学作为教学之用，之后 Unix 开始广泛流行。AT&T 公司开始注意到 Unix 所带来的商业价值，开始保护 Unix。Unix 出现了各种各样的变种，如 AIX、Solaris、HP - UX、IRIX、Xenix 以及 A/UX 等。

四、OS 的发展趋势

1. 安全性

基于互联网的应用已经渗透到金融、电信、宇航、电子商务、电子政务以及军事等各个领域，随之而来的安全问题更为突出。近几年来，网络犯罪有增无减，用户损失巨大。提高安全性是未来 OS 的发展方向之一。

2. 界面视觉效果更好

当各种 OS 不断在用户的生活中出现时，用户对 OS 的选择种类变多，用户界面友好性成为一款 OS 被选择的首要条件。更好的界面视觉效果是重要的发展趋势。

3. 开源化

随着微软公司与诺维尔公司在 Linux 上的结盟以及启动 Open Solaris 项目，开源软件模式及其实现的价值越来越受到社会的认可。开源这一伟大创举改变了 OS 的开发模式，能够聚集众多软件工程师的力量打破边界，使持续创造出更高质量、更易用和更安全的 OS 成为可能。另外，开源改变了 OS 的使用方式（从使用许可为主变成以支持和咨询等面向服务为主的商业模式）。

4. 高智能性

高智能性体现在未来 OS 对于硬件的要求更低、系统启动时间更短、运算速度更快以及系统故障的自我修复能力更强。改变传统的使用功能，向更加智能化的方向发展。

5. 多平台统一

传统的 OS 内核主要运用模块化设计技术，只能应用在固定的单一平台上。而随着模块化技术的不断发展和成熟，OS 也将向多平台方向发展。如微软未来将对 OS 进行统一化，微软的 PC 机、平板电脑、手机将会采用统一的 OS，多设备之间的同步管理和传输将会达到最大的使用效果。

6. 小型便携化

未来人们更注重可便携程度的提高，目前 OS 已经可以像文件一样随身携带在不同的 PC 机上运行。与此同时，随着纳米等高新技术的发展，一些微型设备中也需要配备微型 OS，这必然导致未来 OS 向着规模功能小型化、便携化方向发展。

五、智能手机 OS 的发展趋势

目前，智能手机 OS 主要有 Android、iOS、Windows Phone8、Blackberry 等几个主流平台，另外，中兴 OPEN 上采用的 Firefox 也是一个很有前途的产品，基于 HTML5 技术完全开源且免费。国内智能手机 OS 未来发展有以下 4 大趋势。

1. 转向 64 位技术

当前智能手机“核战”已到瓶颈，采用升级 64 位平台增加运行内存容量来提高性能成为主流技术趋势。如苹果的 iOS7.0 版本率先实现了 64 位平台技术，它能匹配更强大的硬件，也能使手机 RAM 突破 3.25GB 的限制。

2. OS 入口之争从 UI 到 OS

iOS、Windows Phone8、Blackberry 由于系统和拥有者的封闭策略，使得用户界面及体验千篇一律，而 Android 系统的开放性策略却成就了百花齐放的局面。很多国产手机 OS 都是基于 Android 平台的二次深度开发，而不仅仅只是在

Android 原生系统上加入自己的 UI。

3. Android 发展趋势

当下是 iOS 和 Android 两大寡头垄断移动 OS 不断扩张的时代。未来 Android 系统将在继承和发展自身平台开放性优势的基础上加强对整个生态圈各个参与者的控制和把握。着重改善以下几方面。

①解决版本分裂、更新延迟等问题；②严格控制终端市场；③加强对软件市场的集中统一管理；④谷歌公司将成为 Android 强有力的后盾。

4. iOS 发展趋势

iOS 至高无上的用户操作体验可谓颠覆了传统意义的手机 OS，iOS 若想保持“一直被模仿，从未被超越”的神话，应该从以下两方面着手：

①继续乔布斯时代的将创新转化为用户真正需要的东西；

②推出更多产品去占领更多价格区间的产品线。

六、知识卡片（五）吉尔德定律

吉尔德定律（Gilder's Law）又称为胜利者浪费定律，由乔治·吉尔德提出，最为成功的商业运作模式是价格最低的资源将会被尽可能地消耗，以此来保存最昂贵的资源。吉尔德定律被描述为：在未来 25 年，主干网的带宽每 6 个月增长 1 倍，其增长速度是摩尔定律预测的 CPU 增长速度的 3 倍，并预言将来上网会免费。吉尔德定律的提出者是被称为“数字时代三大思想家”之一的乔治·吉尔德。

第六章　计算机程序设计语言

计算机程序设计语言简称程序设计语言（计算机语言、编程语言），是一组用来定义计算机程序的语法规则。目前的计算机还没有智能，尚未达到能听懂人类语言的能力。人类要控制计算机一定要向计算机发出指令，程序设计语言就是人与计算机之间传递信息的媒介、是标准化的交流技巧、是一种人工语言。程序设计语言的种类非常多且各具特色。

一、程序设计语言概述

1. 程序设计语言的定义

（1）定义一

程序设计语言（Programming Design Language，PDL）即计算机语言，通常是一个能完整、准确和规则地表达人们的意图，并用以指挥或控制计算机工作的“符号系统”。计算机语言通常分为三类：机器语言、汇编语言和高级语言。

（2）定义二

程序设计语言是一组用来定义计算机程序的语法规则。它是一种被标准化的交流技巧，用来向计算机发出指令；一种计算机语言，让程序员能够准确地定义计算机所需要使用的数据，并精确地定义在不同情况下所应当采取的行动。

（3）定义三

程序设计语言是人与计算机传递信息的媒介，是人与计算机之间通信的语言（如同人类语言）。它是人为制定的语言，具有特定的数据结构、运算符和语法规则，用来指挥计算机工作以实现各种功能。

2. 程序设计语言的发展历程

程序设计语言经历了从机器语言、汇编语言、高级语言到第四代以及第五代程序设计语言的历程，如图 6－1 所示。

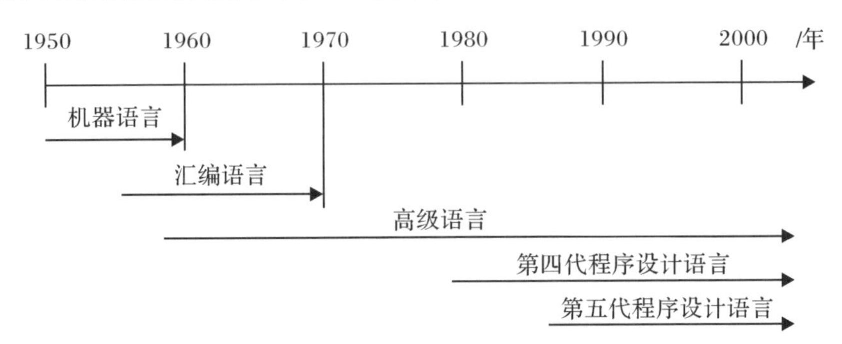

图 6－1　程序设计语言的发展历程

（1）第一代程序设计语言——机器语言

①机器语言。机器语言（Machine Language）是一台计算机全部的指令集合，也称为机器码（Machine Code），是计算机 CPU 可直接解读的数据。

②机器语言的特点。计算机使用二进制数，所以机器语言是由“0”和“1”组成的指令序列。编写程序就是写出一串串由“0”和“1”组成的指令序列。机器语言指令难读难记、缺乏直观性；编程是一件复杂而繁重的工作，所编出的程序可靠性差、开发周期长、可读性差、不便于交流与合作、通用性和可移植性差并且难以重用。

③机器语言载体。最初使用的机器语言编程需要用纸带打孔机事先将编写的指令打在纸带上，然后纸带进入计算机运行程序。纸带打孔机如图 6－2 所示，工作人员查看“女巫”计算机的打印纸带的情景如图 6－3 所示。

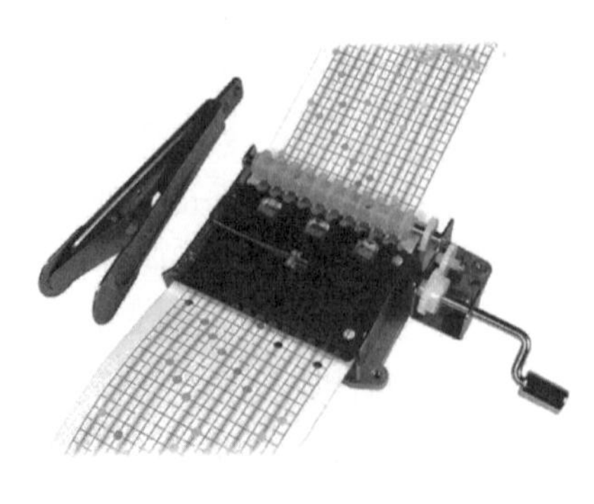

图 6－2　纸带打孔机

图 6－3　工作人员正在查看“女巫”计算机的打印纸带

（2）第二代程序设计语言——汇编语言

①汇编语言。为了减轻人们在编程中的劳动强度，克服机器语言的缺点，20 世纪 50 年代中期开始使用一些“助记符号”来代替 0、1 编程。这种用助记符号描述的指令系统称为第二代程序设计语言，也称之为汇编语言。

②汇编语言的特点。汇编语言也是一种面向机器的程序设计语言，它用助记符号来表示机器指令的操作符与操作数，汇编指令与机器指令之间是一对一的。汇编语言程序要经过一个特定的翻译程序（汇编程序）将其中的各个指令逐一翻译成相应的机器指令后才能执行，它使编程变得容易许多。

③宏汇编语言。用汇编语言编程，效率及质量都会有所提高，但在编程时仍要熟悉机器的内部结构，编程强度仍很大。为此，人们研制出宏汇编语言，一条宏汇编指令可以翻译成多条机器指令加上链接程序，使编程强度进一步减轻。

（3）第三代程序设计语言——高级语言

①高级语言的诞生。汇编语言和机器语言是面向机器的语言（随机器而异），为了克服这种缺点，人们开始研制高级语言。1954 年第一个高级语言 FORTRAN 语言诞生了，编程不再是面向具体机器而是面向解题过程，人们可以用接近自然语言和数学语言的语言对操作过程进行描述，这种语言称为第三代程序设计语言，即高级程序设计语言或面向过程语言。因为编程时可以把主要精力放在算法描述上面，所以又称算法语言。高级语言的出现是计算机技术发展史上的一个里程碑，它把计算机从少数专业人员手中解放出来，使之成为大众化的工具。

②面向过程与面向对象。在第三代计算机程序设计语言中又分为面向过程和面向对象的高级语言。面向过程的结构化程序设计强调功能的抽象和程序的模块化，它将解决问题的过程看作一个处理过程；而面向对象的程序设计则综合了功能抽象和数据抽象，它将解决问题的过程看作分类演绎的过程。

③面向对象的高级语言。面向对象是一种新兴的程序设计方法，或者说它是一种新的程序设计范型，其基本思想是使用对象、类、继承、封装以及消息等基本概念来进行程序设计。它是从现实世界中客观存在的事物（即对象）出发来构造软件系统，并在系统构造中尽可能运用人类的自然思维方式，强调直接以问题域（现实世界）中的事物为中心来思考问题，并根据这些事物的本质特点，把它们抽象地表示为系统中的对象作为系统的基本构成单位。

(4）第四代程序设计语言

人们把以人机通信方式构造应用系统的新一代工具称为第四代语言。例如，利用在显示屏上与用户“对话”的交互方式，通过用户填表或操作屏幕上的窗口、按钮、图标等来构造用户所需的应用系统。许多的第四代语言密切依赖于数据库管理系统及其数据字典。数据字典已演变得能够表示比数据范围更广泛的信息，包含商业规则和逻辑扩充的数据字典，它能存储与应用系统有关的许多信息，例如，屏幕显示格式、数值范围以及不同数值之间的逻辑关系等。

(5）第五代程序设计语言

第五代程序设计语言是为人工智能领域应用而设计的语言。例如，Prolog 语言可能是第五代语言最著名的雏形。这类语言还需要进行很大的改进和扩充。

3．程序设计语言的分类

①按照语言级别，可分为低级语言和高级语言。低级语言有机器语言和汇编语言。常见的高级语言有：C、C + + 、C#、Java、FORTRAN、COBOL、ALGOL69、PASCAL 以及 Prolog 等。

②按照用户的要求，可分为过程式语言和非过程式语言。过程式语言的主要特征是，用户可以指明一列可按顺序执行的运算，以表示相应的计算过程，如 FORTRAN、COBOL、PASCAL 等。

③按照应用范围，可分为通用语言与专用语言。如 FORTRAN、COLBAL、PASCAL、C 等都是通用语言。目标单一的语言称为专用语言，如 APT 等。

④按照使用方式，可分为交互式语言和非交互式语言。具有反映人机交互作用的语言成分的语言称为交互式语言，如 BASIC 等。不反映人机交互作用的语言被称为非交互式语言，如 FORTRAN、COBOL、ALGOL69、PASCAL 以及 C 等都是非交互式语言。

⑤按照成分性质，可分为顺序语言、并发语言和分布式语言。只含顺序成分的语言称为顺序语言，如 FORTRAN、C 等。含有并发成分的语言称为并发语言，如 PASCAL、Modula 和 Ada 等。

4．程序设计语言新分类

目前程序设计语言种类繁多，可分为：工业编程语言、脚本编程语言、学术编程语言和其他编程语言。

5. 程序设计语言解读

（1）程序设计语言的基本成分

程序设计语言的基本成分包含4个部分：①数据成分；②运算成分；③控制成分；④传输成分。

（2）程序设计语言的运行机制

计算机并不能识别汇编语言和高级语言，高级语言不要求程序员掌握计算机的硬件运行，只要写好上层代码（源程序），编译软件就会将高级语言翻译成汇编语言，然后再将汇编语言转化成机器语言（目标程序），从而在计算机中执行。编译程序工作过程如图6－4所示。

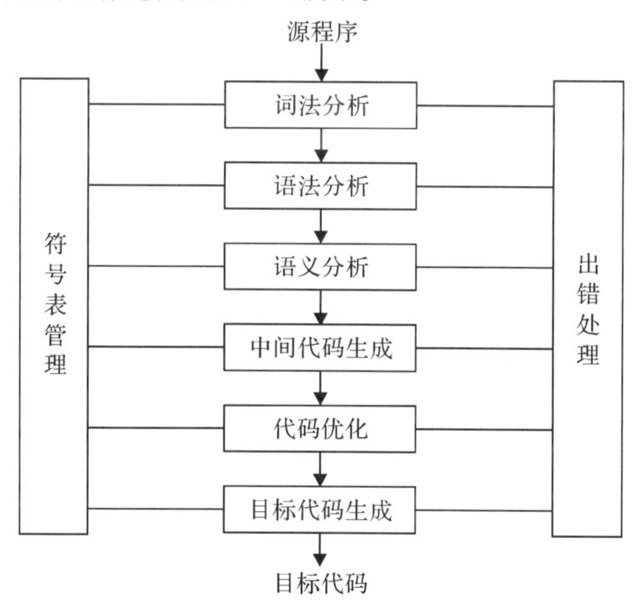

图6－4　编译程序工作过程

二、典型的程序设计语言

1. C、C＋＋、C#语言

（1）C程序设计语言

C语言兼有高级语言和汇编语言的特点，所以也被称为中级语言，它由美国贝尔实验室的Dennis M. Ritchie于1972年推出。1978年后，C语言已先后被移植到大、中、小及微型机上，它功能强大，既可以作为工作系统设计语言编写系统应用程序，也可以作为应用程序设计语言编写不依赖计算机硬件的应用程序，至今它的应用范围仍非常广泛。

（2）C++程序设计语言

C++语言是由 AT&T Bell Laboratories 的 Bjarne Stroustrup 设计和实现的，它兼具 Simula 语言在组织与设计方面的特性以及适用于系统程序设计的 C 语言。C++最初的版本被称作“带类的 C（C with classes）”。1985 年，C++第一次投入商业市场。

（3）C#程序设计语言

C#语言是微软公司在 2000 年 6 月发布的一种新的编程语言，C#看起来与 Java 有着惊人的相似之处，但是与 Java 有着明显的不同。它借鉴了 Delphi 的一个特点，与 COM（组件对象模型）是直接集成的，而且它是微软公司 .NET windows 网络框架的主角。

2. LISP 语言

LISP（List Processing，列表处理语言），最早是在 20 世纪 50 年代末由麻省理工学院（MIT）为研究人工智能而开发的。LISP 语言的强大使它在其他方面诸如编写编辑命令和集成环境等方面显示出优势，它被用来处理由括号［即“（”和“）”］构成的列表，拥有理论上最高的运算能力。LISP 在 CAD 绘图软件上的应用非常广泛，普通用户均可以用 LISP 编写出各种定制的绘图命令。

3. JSP 语言

（1）JSP 简介

在 Sun 公司正式发布 JSP（Java Server Pages）之后，这种新的 Web 应用开发技术很快引起了人们的关注。JSP 为创建高度动态的 Web 应用提供了一个独特的开发环境。按照 Sun 的说法，JSP 能够适应市场上包括 Apache WebServer 、ⅡS4. 0 在内的 85% 的服务器产品。

（2）开发 Web 应用的理想构架

Java Servlet 是一种开发 Web 应用的理想构架。JSP 以 Servlet 技术为基础，又在许多方面做了改进。JSP 页面看起来像普通的 HTML 页面，但它允许嵌入执行代码，在这一点上，它和 ASP 技术非常相似。利用跨平台运行的 JavaBean 组件，JSP 为分离处理逻辑与显示样式提供了卓越的解决方案。

（3）JSP 技术的优势

①一次编写，到处运行；②系统的多平台支持；③强大的可伸缩性；④多

样化和功能强大的开发工具支持。

4. SQL 语言

（1）SQL 语言

SQL（Structured Query Language，结构化查询语言），最早的是 IBM 的圣约瑟研究实验室为其关系数据库管理系统 SYSTEM R 开发的一种查询语言。SQL 语言结构简单、功能强大、简单易学。目前，所有主要的关系数据库管理系统都支持 SQL 语言作为查询语言。

（2）SQL 语言的组成

SQL 语言包含 4 个部分：数据查询语言（DQL）、数据操纵语言（DML）、数据定义语言（DDL）以及数据控制语言（DCL）。

（3）SQL 语言的优点

①非过程化语言。SQL 是一个非过程化的语言，因为它一次处理一个记录，对数据提供自动导航。SQL 允许用户在高层的数据结构上工作，而不对单个记录进行操作，可操作记录集。所有 SQL 语句接受集合作为输入，返回集合作为输出。所有 SQL 语句使用查询优化器。

②统一的语言。SQL 可用于所有用户的 DB（DataBase）活动模型，包括系统管理员、数据库管理员、应用程序员、决策支持系统人员及许多其他类型的终端用户。SQL 为许多任务提供了命令，控制对数据对象的存取，保证了数据库的一致性和完整性。

③关系数据库的公共语言。由于所有主要的关系数据库管理系统都支持 SQL 语言，用户可将使用 SQL 的技能从一个 RDBMS 转到另一个。所有用 SQL 编写的程序都是可以移植的。

三、程序设计语言发展现状

1. 程序设计语言排行榜

IEEE Spectrum 根据 10 多个数据来源，对各大编程语言的使用普及率进行统计，公布了 2014 年程序设计语言总排行榜前 20 名，如表 6－1 所示。

表 6-1　2014 年各大程序设计语言总排行

Language Rank	Types	Spectrum Ranking
1. Java		100.0
2. C		99.2
3. C++		95.5
4. Python		93.4
5. C#		92.2
6. PHP		84.6
7. JavaScript		84.3
8. Ruby		78.6
9. R		74.0
10. MATLAB		72.6
11. SQL		70.5
12. PERL		70.1
13. Assembly		69.7
14. HTML		66.1
15. Visual Basic		64.9
16. Objective-C		64.0
17. Scala		62.5
18. Arduino		62.0
19. Shell		62.0
20. Go		60.9

（资料来源：http：//dev. yesky. com/499/38759499. shtml）

2. 2014 年 Web 开发语言排行榜

IEEE Spectrum web 公布的 2014 年 Web 开发语言排行榜前 10 名分别为：

①Java；
②Python；
③C#；
④PHP；
⑤JavaScript；
⑥Ruby；
⑦PERL；
⑧HTML；
⑨Scala；
⑩Go.

3. 移动应用开发语言排行榜

IEEE Spectrum web 公布的 2014 年移动应用开发语言排行榜前 10 名分别为：

①Java；
②C；
③C++；
④C#；
⑤JavaScript；
⑥Objective-C；
⑦Scala；
⑧Delphi；
⑨Scheme；
⑩ActionScript.

4. 十大程序设计语言长期走势

十大程序设计语言长期走势如图6-5所示。

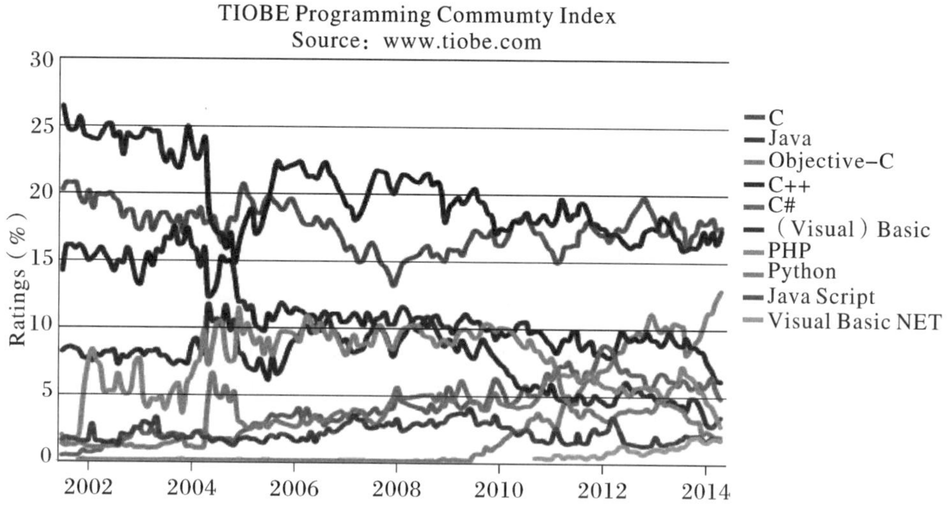

（资料来源：http：//www. csdn. NET/article/2014 - 08 - 12/2821157 - tiobe - programming）

图6-5　十大程序设计语言长期走势图

四、程序设计语言发展趋势

1. 程序设计语言总体发展趋势

程序设计语言是软件的重要方面，其总体发展趋势是模块化、简明化、形式化、并行化和可视化。程序设计语言在学术及企业两个层面中持续发展进化，目前还存在如下一些趋势：

①在语言中增加安全性与可靠性验证机制，额外的堆栈检查、资讯流（Information Flow）控制等；

②提供模块化的替代机制，混入（en：mixin）、委派（en：delegates）以及观点导向；

③元件导向（component - oriented）软件开发；

④元编程、反射或是存取抽象语法树（en：Abstract syntax tree）；

⑤更重视分散式及移动式的应用；

⑥注重与数据库的整合，包含XML及关联式数据；

⑦支持使用Unicode编写程式，所以源代码不会受到ASCII字符集的限制，

而可以使用像非拉丁语系的脚本或延伸标点符号；

⑧注重图形化使用者接口所使用的 XML（XUL、XAML）与可视化编程。

2. 声明式的编程风格

声明式的编程风格包括领域特定语言和函数式编程。

（1）领域特定语言

领域特定语言（Domain Specific Language，DSL）是一种更加专注于某一方面的编程语言，可读性较高，SQL、Mathematica 及 LOGO 等都属于 DSL。与之相对的则是 GPPL（General Purpose Programming Language，通用目的编程语言）。

（2）函数式编程

函数式编程（Function Programming）历史悠久，如当年的 LISP 便是函数式编程语言。函数式编程十分容易并行，因为它在运行时不会修改任何状态，因此无论多少线程在运行时都可以观察到正确的结果。

3. 动态语言

（1）动态语言最重要的方面是元编程能力

动态语言不会严格区分“编译时”和“运行时”。对于一些静态编程语言（如 C#），往往是先进行编译，此时可能会得到一些编译期错误，而对于动态语言来说，这两个阶段便混合在一起了。

（2）动态语言更自然

动态语言的关键之一便是“元编程”，“元编程”实际上是“代码生成”的一种别称，在日常应用中开发人员其实经常依赖这种做法。在某些场景下使用动态语言会比静态语言更加自然。

4. 多核环境下的并发编程

（1）改变并发思维方式

多核革命的一个有趣之处在于，它会要求并发的思维方式有所改变。传统的并发思维，是在单个 CPU 上执行多个逻辑任务，使用旧的分时方式或是时间片模型来执行多个任务。但是如今的并发场景则正好相反，是要将一个逻辑上的任务放在多个 CPU 上执行。

（2）.NET 4.0 中强大的框架

使用目前的并发 API 来完成并发并不容易，而在 .NET 4.0 中提供了一套强大的框架，即 .NET 并行扩展（Parallel Extensions）。这是一种现代的并发模型，它将逻辑上的任务并发与实际使用的物理模型分离开来。

(3) 函数的纯洁性

编程语言也可以在函数的纯洁性（Purity）方面下功夫，如关注某个函数是否有副作用，有些时候编译器可以做这方面的检查，它可以禁止某些操作，以保证我们写出无副作用的纯函数。

(4) 不可变性（Immutability）

目前的语言，如 C#或 VB，需要额外的工作才能写出不可变的代码。Anders Hejlsberg 认为合适的做法应该是在语言层面上更好地支持不可变性。

五、知识卡片（六）约翰·巴克斯

约翰·巴克斯（John Warner Backus）（1924. 12. 03—2007. 03. 17），美国计算机科学家，是全世界第一套高级语言（High - level Language）FORTRAN 的发明小组组长，被称为 FORTRAN 语言之父。他提出了 BNF（用来定义形式语言语法的记号法），发明了 Function - level programming 这个概念及实践该概念的 FP 语言。1957 年 4 月他所领导的 13 人小组推出全世界第一套高级计算机语言 FORTRAN，1962 年推出了 FORTRAN Ⅳ。1977 年 10 月 17 日在西雅图举行的 ACM 年会上约翰·巴克斯获得计算机界最高奖图灵奖。

第七章　数据库技术

数据库（DataBase，DB）技术是现代信息科学与技术的重要组成部分，是计算机数据处理与信息管理系统的核心。DB 技术研究和解决计算机信息处理过程中大量数据有效地组织和存储的问题，在 DB 系统中减少数据存储冗余、实现数据共享、保障数据安全以及高效地检索数据和处理数据。数据库技术的根本目标是要解决数据的共享问题。DB 技术不仅应用于事务处理，而且应用到情报检索、人工智能、专家系统以及计算机辅助设计等众多领域。

一、数据库概述

1. 数据库的定义

（1）定义一

数据库是一个存在于计算机上的仓库，使数据能够按照一定的组织结构被存储和管理。DB 中的数据按一定的数据模型组织、描述和储存，使数据具有尽可能小的冗余度和尽可能高的独立性，并且能共享给多个用户。

（2）定义二

数据库技术是信息系统的一个核心技术，是一种计算机辅助管理数据的方法。它研究如何组织和存储数据，如何高效地获取和处理数据，是通过研究 DB 的结构、存储、设计、管理以及应用的基本理论和实现方法，并利用这些理论来实现对 DB 中的数据进行处理、分析和理解的技术。

2. DB 的发展历程

DB 技术产生于 20 世纪 60 年代中期，至今已有 50 多年的历史，形成了以数据建模和 DBMS 核心技术为主的一门学科。DB 技术也带动了一个产业链，目前已成为许多信息和应用系统的核心技术和重要基础。到目前为止，DB 技术的发展经历了三代的演变，成就了三位图灵奖得主。

（1）第一代 DB

第一代 DB 系统指层次和网状 DB 系统，代表有以下两种：IBM 公司于 1969 年研制的层次模型的 DB 管理系统（Information Management System，IMS）和美国数据系统语言协会下属的 DB 任务组（Data Base Task Group，DBTG）提议的网状模型（Network Model）。这两套系统在数据模型上有本质的不同，前者是分层结构的，后者则是网状的。从结构来看，它们都可以用图结构表示，并统称为格式化数据模型。它们具有以下共同特点：①支持 DB 的三级模式结构；②数据之间的联系由存取路径表示；③独立的 DDL；④导航的 DML。

（2）第二代 DB

第二代 DB 系统指支持关系数据模型的关系 DB 系统。这一代 DB 系统最早可以追溯到 1970 年 6 月 IBM 公司 SanJoe 研究所的研究员 E. F. Code 发表的《大型共享数据库的数据关系模型》论文。关系 DB 是以关系模型为基础的，概括地讲，它由以下三部分组成：

①数据结构。在关系模型中，实体、实体之间的联系都通过这种单一的结构类型来表示。

②关系操作。由关系代数表示，包括传统的集合操作，如并、交、差、广义笛卡尔积、选择、投影、连接、删除等。

③数据完整性。包括了实体完整性、参照完整性和与应用相关的完整性。

（3）第三代 DB

随着计算机技术的发展，计算机的应用领域由科学计算扩大到企业资源管理、工程设计、多媒体应用以及人工智能等领域，新应用对 DB 技术提出了更多非传统的要求，于是产生了第三代 DB。第三代 DB 支持多种数据模型（比如关系模型和面向对象的模型），并与诸多新技术相结合。

3．典型的 DB

（1）比较流行的关系 DB

目前，全球比较流行的关系 DB 管理系统有 Oracle、SQL Server、DB2、Sybase 以及 Microsoft Office Access 等。

①Oracle，Oracle DataBase 又名 Oracle RDBMS，简称 Oracle，是甲骨文公司的一款关系 DB 管理系统，也是目前世界上应用最广的 DB 管理系统。从构成

来看，OracleDB 包括 OracleDB 服务器和客户端，分别是 Oracle Server 和 Oracle Client。其中，Oracle Server 是一个对象—关系 DB 管理系统，它提供完整的数据管理功能；而 Oracle Client 是 DB 用户操作的客户端，用户可以通过 Client 建立与服务器之间的通信，从而实现对 DB 的操作。

②SQL Server，SQL 语言的主要功能是与各种 DB 建立联系、进行沟通。按照 ANSI（美国国家标准协会）的规定，SQL 被作为关系型 DB 管理系统的标准语言。绝大多数流行的关系型 DB 管理系统，如 Oracle、Sybase、Microsoft SQL Server、Access 等都采用了 SQL 语言标准。

③DB2（DataBase 2），是美国 IBM 公司开发的一套关系型 DBMS，它被认为是第一个使用 SQL 的 DB 产品，也可用于 Linux、UNIX、Windows 等多种平台。DB2 版本比较多，可以满足各种需求。它提供了强大的数据利用性、完整性、安全性、可恢复性以及小规模到大规模应用程序的执行能力，具有与平台无关的基本功能和 SQL 命令，在银行、证券等领域应用广泛。

④Sybase，SybaseDB 是 Sybase 公司在 1987 年推出的产品，它是一种建立在 C/S 体系结构上的 DB 管理系统。该 DB 主要由三部分组成：其一，Sybase SQL Server，它是进行数据管理与维护的联机关系 DBMS；其二，Sybase SQL Tools，它是支持 DB 应用系统的建立和开发的一组前端工具软件；其三，Open Client/Open Server，它是一组接口软件。

⑤Microsoft Office Access，是由微软发布的关系 DB 管理系统。它结合了 Microsoft Jet Database Engine 和图形用户界面两个特点，深受小企业欢迎。它可用来制作处理数据的桌面系统，或用来开发简单的 Web 应用程序。

（2）典型的第三代 DB

①Mongo DB，是一个基于分布式文件存储的 DB 开源项目，属于非关系型 DB（NoSQL）。由于 Web2.0 的兴起，传统的数据在处理来自 Web 的数据时，对于超大规模数据和非标准格式数据的处理常常力不从心。而 Mongo DB 就是 NoSQL 技术中的佼佼者，其特点是性能优良、部署容易、使用简单及存储方便。而它的功能特性是，面向集合存储和容易存储对象类型的数据。与其他 DB 所不同的是，Mongo DB 无须依赖内建的语言，拥有很好的扩展性，同时支持 RUBY、PYTHON、JAVA、C++、PHP 等多种脚本语言或动态语言。

②Postgre SQL，起源于伯克利的数据库研究计划，是目前最重要的开源 DB 产品开发项目之一。它是一种对象—关系型 DB 管理系统（ORDBMS），在国外应用广泛。它具有极强的稳定性，同时拥有许多企业级 DB 的良好特性，是功

能强大、特性丰富和最复杂的自由软件 DB 系统。

4. 中国数据库大会

近 5 年来，中国数据库学术界和产业界每年都举行大会，探讨 DB 的理论、技术和产业发展。中国数据库技术大会主题如表 7－1 所示。

表 7－1　中国数据库技术大会

届数	主题	时间 地点	分会场主题
一	数据库与商业智能企业应用最佳实践	2010 年 4 月 2—3 日北京	数据库高可用可扩展架构设计 数据库架构设计、存储备份管理 SQL Server、DB2 实践应用案例 Oracle 实践应用案例 开源数据库实践应用案例 数据库分析监控、运维管理 数据库仓库、应用开发、商业智能
二	数据库架构设计、基于数据库应用开发、数据库运维管理	2011 年 4 月 15—16 日北京	数据库高可用架构设计　Oracle 应用实践 DB2 数据库应用实践　SQL Server 数据库应用实践 MySQL、Psql 应用实践　商业智能、数据分析 数据库分布式架构　数据库系统优化、构建设计 数据库平台创新
三	数据库架构设计、基于数据库应用开发、数据库运维管理	2012 年 4 月 13—15 日北京	数据库架构设计（分布式、集群、数据切分等） 数据库备份、容灾设计　数据库性能调优 数据库监控、瓶颈诊断　商业智能 数据库访问安全设计　数据库自动化运维 上市公司数据库系统审计　NOSQL 数据库平台 云计算平台架构（Hadoop 等） 数据库迁移经验、数据库平台升级历程 基于数据库的二次开发（例如 MySQL） 数据库技术运维的管理艺术

（续表）

届数	主题	时间 地点	分会场主题
四	数据库架构实践、数据库优化应用	2013 年 4 月 18—20 日 北京	Hadoop 应用实践（Hadoop，Openstack，Oceanbase 云存储） NoSQL 应用实践（海量数据处理，底层开发） 内存数据库应用实践（架构设计，安全设计） Oracle 架构与优化（架构重构优化，测试，诊断优化） MySQL 架构与优化（应用化实践，查询调优实践） SQL Server 架构与优化（系统设计） 数据管理（架构与治理，分析与商业智能，安全） 大数据（架构设计，海量数据，大数据应用）
五	大数据技术探索与价值发现	2014 年 4 月 10—12 日 北京	大数据价值发现实践 数据分析和可视化 数据仓库设计和管理 大数据应用级商业模式

（资料来源：公开资料整理）

二、DB 相关技术

1. 数据模型

数据模型的发展是 DB 发展最突出的体现形式。DB 从最先的层次模型、网状模型发展到关系模型，相应的技术也经历了飞速发展。尤其是关系数据模型的产生，成为 DB 发展史上重要的里程碑。为了适应数据对象的多元化，基于数据模型的改进主要有以下 4 个方面：

①在原有的关系模型的基础上进行修缮，加入构造器，有助于复杂数据类型的表达和建模能力的加强，这样的数据模型常常被称为复杂数据模型。

②使用全新的构造器和数据处理原语，有助于表达复杂的结构和语义。

③把语义数据模型和程序设计方法进行结合，汲取了面向对象程序设计方法的精华，提出新型的面向对象的数据模型。

④随着互联网技术的发展，网站上的信息来源从结构化变为半结构化和非结构化。XML（可扩展标记语言）逐渐成为网络中数据交换的规范标准和研究重点，于是，基于 XML 的 DB 应运而生。

2. DB 管理系统

为了管理整套的 DB，提高 DB 的能力和工作效率，人们开发了 DB 管理系统（DataBase Management System，DBMS），主要包含以下几个功能：

（1）数据定义

DBMS 提供数据定义语言（Data Definition Language，DDL）功能，用户可以对 DB 对象进行定义。

（2）数据操作

DBMS 还提供数据操作语言（Data Manipulation Language，DML）功能，使用户可以对数据进行查询、插入、删除和修改等操作。

（3）数据组织、存储和管理

DBMS 可以对 DB 进行组织、存储和管理，从而提高存储空间的利用率。DBMS 通过设计合理的 DB 之间的关系和构架实现这样的功能。同时，为了提升存取效率，要注意选择合适的存取方法。

（4）DB 的事务管理和运行管理

DBMS 对 DB 的建立、运行和维护进行统一的管理及控制，用于保证 DB 的安全完整、数据的并行使用以及出现故障后的系统恢复。

（5）DB 的建立和维护

DB 的建立和维护包括：DB 初始数据的输入、转换功能；DB 的转储、恢复功能；DB 的性能监视和分析功能。这些功能一般由一些管理工具完成。

（6）其他功能

DBMS 的其他功能包括：与操作系统、应用软件和网络等的通信功能；不同 DBMS 之间 DB 转换的功能；异构数据之间的互访和互操作功能。

3. DB 系统结构

DBMS 为了实现其功能并提高工作效率，需要具有特定的结构。目前，DB 领域公认的系统结构是三级模式结构，包括模式、外模式和内模式。

（1）模式

模式（Schema）也称逻辑模式或概念模式，指的是 DB 的逻辑结构和逻辑特征。在 DB 的三级模式结构中，模式处于三层模式结构的中间层，是整个 DB 结构的抽象表示。一个 DB 只有一个模式，在定义一个 DB 模式时，需要考虑所有用户的需求，并将这些需求确定为一个整体。除了用户的需求以外，定义模式还需要考虑众多因素（如数据逻辑结构、数据间的关联等）。

（2）外模式

外模式（External Schema）也被称为子模式或者用户模式，是DB用户能够看见和使用的局部数据的逻辑结构和特征的描述，是DB用户的数据视图，是与某一应用有关的数据的逻辑表示。外模式是三层模式结构的最外层。针对不同的用户需求，外模式会存在一些差异，同一个DB可以包含多个外模式。

（3）内模式

内模式（Internal Schema）是三级结构的最内层，靠近物理存储，但并非物理层。内模式也称为存储模式，它与实际存储数据方式有关，由多个存储记录组成。内模式描述了数据的物理结构和存储方式，是数据在DB内部的良好表示方式。内模式并不关心具体的存储位置，一个DB只有一个内模式。

（4）三级模式结构的优点

①保证数据的独立性；②简化了用户接口；③有利于数据共享；④有利于数据的安全保密。

4. 数据加密技术

数据已成为一种重要的资源，在客观上需要一种强有力的安全措施来保护机密数据不被窃取或篡改。数据加密与解密从宏观上讲是非常简单的，很容易理解。数据加密愈来愈重要，人们需要更好的数据加密技术。

三、DB发展现状

1. 关系DB技术仍然重要

关系DB技术出现在20世纪70年代，经过80年代的发展到90年代已经比较成熟，在90年代初期曾一度受到面向对象DB的巨大挑战，但是市场最后还是选择了关系DB。无论是Oracle公司的Oracle 9i、IBM公司的DB2，还是微软的SQL Server等，都是关系型DB。无论是多媒体内容管理，还是XML数据支持等，都是在关系系统内核技术基础上的扩展。

2. 产品形成系列化

一方面，Web和数据仓库等的兴起，数据的绝对量在以惊人的速度迅速膨胀；另一方面，移动和嵌入式应用快速增长。针对市场的不同需求，DB正在朝系列化方向发展。从支持平台看，DB2已不再是大型机上的专有产品，它支持目前主流的各种平台。此外，它还有各种中间件产品，如DB2 Connect、DB2 Datajointer、DB2 Replication等，构成了一个庞大的DB家族。

3. 支持各种互联网应用

DBMS 是网络经济的重要基础设施之一。支持 Internet（Mobile Internet）的 DB 应用已经成为 DBS 的重要方面（例如，Oracle 公司从 8 版起全面支持互联网应用，是互联网 DB 的代表）。对于互联网应用，用户数无法事先预测，这就要求 DB 拥有良好的可伸缩性及高可用性。此外，互联网提供大量以 XML 格式数据为特征的半结构化数据，支持这种类型的数据的存储、共享、管理、检索等也是各 DB 厂商的发展方向。

4. 向智能化、集成化方向扩展

DB 技术的广泛使用为企业和组织收集并积累了大量的数据。数据丰富、知识贫乏的现实直接导致了联机分析处理（OLAP）、数据仓库（Data Warehousing）和数据挖掘（Data Mining）等技术的出现，促使 DB 向智能化方向发展。同时，企业应用越来越复杂，要求 DB 技术具有良好集成性，DB 技术将向智能化、集成化方向扩展。

四、DB 发展趋势与应用前景

1. DB 与其他技术的结合

在 DB 的开发中，要注意相关技术的引入和各学科的综合应用，这也是目前 DB 发展的一个特点。DB 与不同技术的结合产生了相应的新型 DB 系统。DB 与其他学科的技术创新和综合应用如图 7－1 所示。

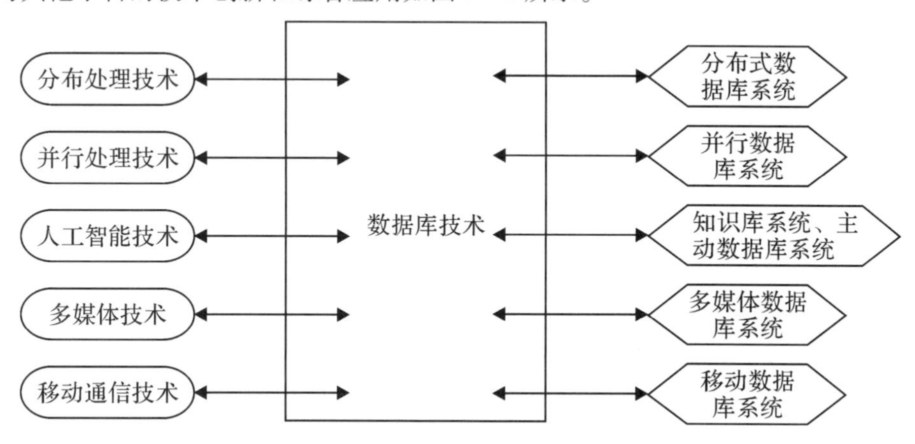

图 7－1　数据库与其他技术的结合与创新

(1) 分布式 DB 系统

DB 技术与分布式处理技术相结合形成分布式 DB 系统。分布式的含义是指数据分别存储在不同的节点、不同的位置上。采用分布式技术的 DB 系统有两类：一类是逻辑上集中而物理上分布的，一类是物理和逻辑上都是分布的。

(2) 并行 DB 系统

DB 技术与并行处理技术相结合形成并行 DB 系统。并行的含义是关系代数操作的并行化、数据操作的时间并行性和空间并行性。DB 采用并行式的设计能大大提高运算效率。

(3) 知识库系统和主动 DB 系统

DB 技术与人工智能技术相结合形成知识库系统和主动 DB 系统，主动 DB 中加入了人工智能技术，能提供多种主动服务，并可以根据特定环境和情况自主学习，对紧急情况进行及时反映。

(4) 多媒体 DB 系统

DB 技术与多媒体技术相结合形成多媒体 DB 系统。多媒体技术，其定义是利用计算机综合处理文字、图像、动画、声音等多种媒体信息，从而实现实时交互。多媒体 DB 是以先进的信息技术、网络技术为基础，主要针对新闻行业，该类 DB 为新闻工作者搭建了一个工作平台，能提高新信息的处理效率，提升个性化服务。

(5) 模糊 DB

DB 技术与模糊技术相结合形成模糊 DB 系统。模糊技术的应用使得该类 DB 可以处理模糊数据。所谓的模糊数据，是指不确定、难以量化的数据，通常运用模糊数学中的隶属函数进行处理和评价，称为模糊综合评价法。

(6) 移动 DB

DB 技术与移动通信相结合形成移动 DB 系统。通过通信技术的许多前沿科技，移动 DB 系统能够支持移动式计算环境的 DB，使这一类 DB 具有移动性和位置关联性。

(7) Web DB

DB 技术与 Web 技术相结合形成 Web DB。DB 资源也可以用 Web 查询接口方式进行访问，最终的输出形式是包含了数据列表的 Web 页面。这类 DB 与百度、谷歌等搜索引擎不同的是，Web DB 查询结果能记录下不同领域的数据信息，且更加完整明晰。

2. 高性能与易用性仍待完善

关系型 DB 之所以升级缓慢，其中一个主要原因就是没有关键的技术革新，各大厂商所做的主要工作都是在对自己的产品进行不断完善，使 DB 向着需求更少的方向增强。所谓需求更少，是指 DB 以更少的相对资源消耗、更高的性能运行，并且随着技术的不断进步，DB 变得更加智能，维护和使用将更加简单。高性能与易用性仍是 DB 完善的必经之路。

3. 搜索是 DB 的未来之路

随着 DB 技术的不断完善，用户数据的不断积累，用户的需求也不断提高。为此，更高级的应用应运而生，包括数据仓库、商业智能以及 SOA 等。当 DB 能够容纳近乎所有数据之后，面临的一个问题就是如何快速获得所需要的数据。未来，DB 必然向快速搜索和查询方面增强。

4. 开源 DB 有望走向主流应用

开放源代码的 DB 系统正走向应用的主流。目前主要的开源 DB 产品包括 MySQL、MaxDB 和 PostgreSQL。在 MySQL 5.0 版本升级之后，MySQL DB 越来越像 SQL Server 等大型 DB，并逐渐从开源圈向企业级市场拓展。除了开源 DB 厂商成为市场焦点外，甲骨文、Sun 和微软老牌厂商也纷纷拥抱开源。开源 DB 软件正在以其低成本得到越来越多用户的认可，并迫使主流厂商推出免费版应对。未来，在中小企业用户市场的拉动下，开源 DB 有望走向应用主流。

5. DB 应用领域不断扩大

目前，多种先进技术的融合使得 DB 应用范围不断扩大，于是出现了数据仓库、工程 DB、统计 DB、空间 DB 以及科学 DB 等新的应用型 DB。它们都具有某一具体领域应用需求的特点，很好地弥补了传统 DB 的局限性。DB 技术应用新领域如图 7－2 所示。

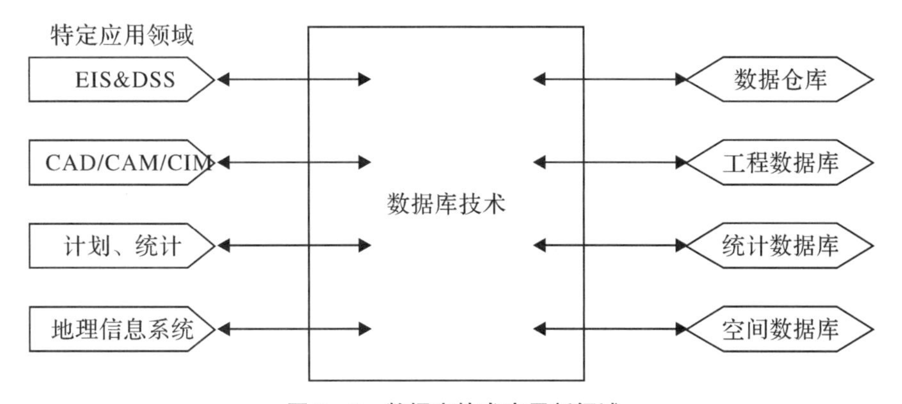

图 7－2　数据库技术应用新领域

五、知识卡片（七）尼古拉斯·沃斯

尼古拉斯·沃斯（Niklaus Wirth，1934.02.15—），生于瑞士温特图尔，是瑞士计算机科学家。他有一句在计算机领域人尽皆知的名言——算法+数据结构=程序（Algorithm + Data Structures = Programs）。并因此于1984年获得了图灵奖。这是瑞士学者中唯一获此殊荣的人。1934年出生于瑞士，1963年在加州大学伯克利分校取得博士学位。取得博士学位后直接被以高门槛著称的斯坦福大学聘到刚成立的计算机科学系工作。在斯坦福大学成功地开发出Algol W以及PL360后，爱国心极强的Nicklaus Wirth于1967年回到祖国瑞士，第二年在他的母校苏黎世工学院创建与实现了Pascal语言——当时世界上最受欢迎的语言之一。

第八章　中间件

中间件（Middleware）一般是指提供系统软件和应用软件之间连接的软件。国产中间件产业已经成为国产软件厂商缩小与国际品牌差距的突破口，尤其是在云计算、移动互联网以及大数据等技术的驱动下，各行各业对中间件产品都提出了更高的要求。

一、中间件概述

1．中间件的定义

（1）定义一

中间件是位于应用程序与 OS 之间的一类独立软件，是计算机资源和网络通信的管理者。由于中间件只存在于分布式环境中，且具有统一标准的接口和协议，使得网络应用程序的各个部分相互连接，资源得以共享。

（2）定义二

中间件是提供系统软件和应用软件之间连接的软件，以便于软件各部件之间的沟通，特别是应用软件对于系统软件的集中逻辑，在现代信息技术应用框架如 Web 服务、面向服务的体系结构等中应用比较广泛。

（3）定义三

中间件是处于 OS 和应用程序之间的软件，也有人认为它应该属于 OS 中的一部分。中间件集成在一起构成一个平台（包括开发平台和运行平台），其中必须包含通信中间件，即中间件 = 平台 + 通信，这个定义限定了只有用于分布式系统中才能称为中间件。

（4）定义四

中间件通过提供简单、一致、集成的分布编程环境，简化分布应用的设计、编程和管理。本质上，中间件是一个分布软件层（或平台），抽象了底层分布环境（网络、主机、OS、编程语言）的复杂性和异构性。

（5）定义五

中间件是连接分布在 Internet 或局域网上的多个应用的软件。具体而言，中间件是一组驻留在网络与传统应用之间的一组服务，用以管理安全、访问以及信息交换。

2. 中间件的发展历程

（1）中间件早期发展

由于中间件需要屏蔽分布环境中异构的 OS 和网络协议，它必须能够提供分布式环境下的通信服务，将这种通信服务称为平台。IBM 的 CICS（Certified Internal Control Specialist）是最早具有中间件技术思想和功能的软件，但由于 CICS 不是分布式环境的产物，人们一般把 1984 年 AT&T 贝尔实验室开发完成的 Tuxedo 作为第一个严格意义上的中间件产品。在很长一段时期里 Tuxedo 只是实验室产品，被 Novell 收购后开展的商业推广并不成功，直到 1995 年被 BEA 公司收购才逐渐成熟起来，BEA 公司也因此成为一个真正的中间件厂商。同一时期，IBM 的中间件 MQSeries 及其他许多中间件产品也逐渐发展并成熟起来。

（2）中间件发展阶段

中间件技术的发展，经历了面向过程的分布计算技术、面向对象的分布计算技术、面向 Agent 的分布计算技术 3 个阶段。相应地，中间件产品也分为远程过程调用中间件（Remote Procedure Call，RPC）、面向消息的中间件（Message Oriented Middleware，MOM）和对象请求代理中间件 3 类，其中面向消息的中间件技术最为成熟。

3. 中间件的地位和特点

（1）中间件的地位

中间件的地位如图 8－1 所示。

（2）中间件的特点

①满足大量应用的需要；②运行于多种硬件和 OS 平台；③支持分布式计算，提供跨网络、硬件和 OS 平台的透明性的应用或服务的交互；④支持标准的协议；⑤支持标准的接口。

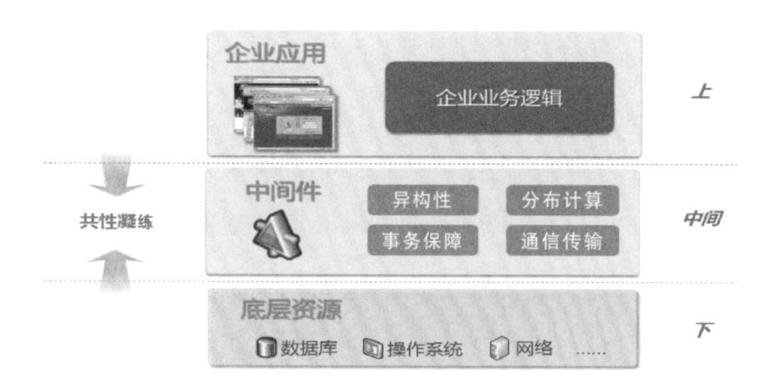

图 8-1　中间件的地位

4. 国际中间件大会

中间件技术早已引起国际研究者的重视，在 1998 年就举行了第一届国际中间件会议，到目前为止，共举办了 15 届中间件大会。其中，2013 年 12 月第 14 届大会在中国北京召开，大会主要议题包括：Spanner——谷歌的全球分布式 DB、网构软件——面向网络技术的软件模式。

二、中间件相关技术

1. 远程过程调用中间件

（1）第一代分布式计算技术

20 世纪 80 年代中后期，以支持信息共享的应用需求为核心，形成了面向过程的第一代分布式计算技术，即 RPC（Remote Procedure Call Protocol——远程过程调用协议）的分布式应用程序。其处理方法采用 C/S 体系结构，将分布式系统中的自主行为实体固定地分解为 Client 和 Server 两类角色，Client 是服务请求者，向 Server 发出远程调用，Server 是服务受理者，提供一个或多个远程过程。Client 和 Server 可以位于同一台计算机，也可以位于不同的计算机，甚至运行在不同的 OS 之上，它们通过网络进行通信。相应的 Stub 和运行支持提供数据转换和通信服务，从而屏蔽不同的 OS 和网络协议。RPC 通信是同步的，采用线程可以进行异步调用。

（2）基于过程的服务访问

RPC 所提供的是基于过程的服务访问，Client 与 Server 进行直接连接，没有中间机构来处理请求，因此也具有一定的局限性。解决客户与服务器的交互机制问题和信息的表示、组织与管理问题的思路：采用 RPC 的交互机制，将单机上的概念拓展到网络环境中。所用到的信息是 XDR、网络文件系统及

SQLServer，特点是以程序设计技术为基础。

（3）典型的成果

典型的成果有：以 OSF（Open Software Foundation）的 DCE（Distributed Computing Environment）为代表的通用产品，以 DB 和中间件厂商为代表的 DB 服务器和事务处理中间件。

2. 面向消息的中间件

随着面向对象技术的发展，在分布式 C/S 计算机系统的建立及其应用系统的开发过程中，出现的异构环境下的应用互操作问题、系统管理问题等逐渐得到解决。基于面向对象的分布式计算技术的计算机系统采用面向对象的多层 C/S 体系结构，Client 与 Server 是相对于对象的请求方和实现方而言的，二者之间是一种交互关系，而非静态的角色关系。主流的面向对象中间件技术有以下两类。

（1）Microsoft 的 COM/DCOM 和 . NET

COM 是基于 RPC 机制的，因为平台支持有限，COM 更多地被看作一个组件体系结构，而非远程体系结构。COM 是一个很成熟的主流组件体系结构，但是由于 COM 支持平台有限，在 Java 内的使用必须有微软的 Java 虚拟机，并且依赖单一的软件开发商，而难以成为理想解决方案。微软在 1999 年年底引入的 DCOM 是扩展了 COM 技术，使 COM 对象具有分布式功能。

（2）Sun 的 EJB/J2EE

J2EE（Java 2 Enterprise Edition）中间件技术以构件化为主要特点，主要目标是简化分布式应用的开发，由此满足开发时间快、成本低、易扩展等特性。J2EE 集成了大量技术，不但为应用提供多种功能，而且提供了多种完善的服务，如事务服务和安全服务。J2EE 体系结构如图 8 - 2 所示。

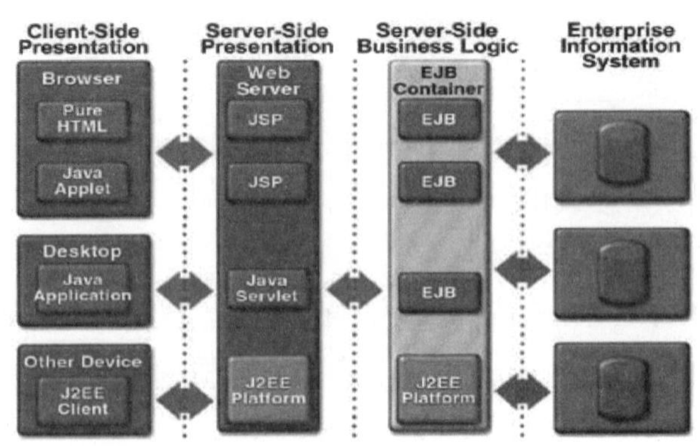

图 8 - 2 J2EE 体系结构

3. 对象请求代理中间件

对象请求代理中间件是从过程中间件发展而来的，面向对象概念是其主要的推动力。为了解决异构平台之间的互操作问题，1990 年年底，对象管理组织 OMG 首次推出对象管理结构（Object Management Architecture，OMA），对象请求代理（Object Request Broker，ORB）是这个模型的核心组件。它的作用在于提供一个通信框架，透明地在异构的分布计算环境中传递对象请求。CORBA 规范包括了 ORB 的所有标准接口，提供了跨语言、跨平台、跨开发商的互操作性。ORB 是对象总线，它在 CORBA 规范中处于核心地位，定义异构环境下对象透明地发送请求和接收响应的基本机制，是建立对象之间C/S关系的中间件。ORB 使得对象可以透明地向其他对象发出请求或接受其他对象的响应，这些对象可以位于本地也可以位于远程机器。ORB 拦截请求调用，并负责找到可以实现请求的对象、传送参数、调用相应的方法及返回结果等。

三、中间件发展现状

1. 中间件的总体发展

（1）中间件正面临着颠覆性的变化

中间件颠覆性的变化主要体现在中间件的部署、购买和交付的方式上。在部署方面，中间件会越来越少地需要安装这样的操作，它会以服务的方式交付到用户手中；在客户的购买方式上，传统购买中间件的做法会越来越少，用户更倾向于租用中间件；在交付方式方面，中间件供应商的关注点逐渐转向如何真正向用户交付中间件服务。

（2）中间件产业发展特点

①行业聚焦现象比较明显。中间件厂商逐渐整合，以 IBM、Oracle 为代表的国际型厂商，以 Apache、JBoss 为代表的开源组织，逐渐成为市场的主体。中间件与上下游的整合是另一个产业趋势，IBM 凭借自身的硬件、OS、DB 与中间件的整合，Oracle 收购 BEA 与 Sun，SAP 大力发展 NetWeaver 中间件。

②依托于对新兴市场的深刻理解、国内政策的支持、核心技术的不断积累等，新兴市场新的挑战者正在快速成长。典型代表：中国的金蝶、东方通等，韩国的 TmaxSoft 等。

③产品同质化现象加剧，服务能力成为竞争的新领域。标准化的广度、深度、成熟度意味着产品的基本和共性功能定型。开源软件的繁荣进一步降低了

技术门槛。领域化、个性化及智能化使得中间件厂商的服务能力成为核心竞争力。这也意味着从产品型公司向服务型公司转型的国际化背景。

④Java 与 . NET 成为中间件行业的两大阵营。Java 由于自身的开放性与跨平台特性，目前占据主流优势，国内尤其明显。

⑤中间件无处不在。以互联网为核心的多网融合产生了多种新型网络应用模式，作为主流的应用运行支撑环境，中间件无处不在。

（3）中间件产品技术特征

①遵循开放与标准已经成为主流。以开放组织推动中间件标准的制定与发展，以开源形式推动中间件产品的发展。

②互操作成为目前中间件发展的主要特征。Java 与 . NET 两大阵营通过 SOA 实现互操作。

③中间件的产品与技术正处于整合过渡期。遗留的中间件技术与产品需要过渡，如传统的基于 C 语言开发的中间件迈向 Java 语言领域。因产业整合导致的产品技术整合，如 Oracle 收购的 BEA 与 Sun 并对其中间件产品进行整合。

2. 国外知名企业中间件发展现状

（1）IBM 的中间件

IBM 软件几乎遍布中间件市场的各个领域，从公共关系 DB 到在线交易处理，再到面向企业的新的社交网络功能，IBM 软件引领着企业诸多关键任务，如信息管理、业务整合、知识管理、企业协作、系统管理等的发展方向。面向行业的专用中间件不是一个空泛的概念，而是实实在在的产品，具体包括针对各种行业应用集成的 Adapter（适配器）或 Accelerator（加速器）。可以用在 IBM 的中间件产品与 ISV 提供的应用之间，用来解决具体的业务问题。

（2）BEA 的中间件

BEA 公司提供的方案在中国 IT 建设中具有很强的代表性，非常好地体现了 SOA 架构的优势，再结合 BEA 公司深厚的资源优势，在需求分析、架构设计以及对产品的阐述和分析等方面都非常准确、合理，具有相当大的价值和借鉴意义。尤其是对于需求的分析和把握能力，作为技术方案甚至比一般的应用方案描述得还细致。BEA 的中间件产品采用 SOA 架构，通过把原有业务系统的功能，封装成 Web Service 接口，整合企业现有的应用系统，向外提供统一的门户服务系统，是一个企业信息系统重组的解决方案。主要适用于企业内部系统的整合，不太适合于外部系统的集成。

（3）Oracle 中间件产品

Oracle 融合中间件 11g 是一个全面、集成、可热插拔的中间件套件。11g 增强了全套产品的功能，如 Oracle SOA 套件、Oracle WebLogic 套件、Oracle WebCenter 套件和 Oracle 身份管理都增加了创新性的功能。目前，全球已经有超过 4 万家 SI（Service Integrator，业务集成商）通过了 Oracle 融合中间件产品的培训；超过 5000 家 ISV 采用 Oracle 融合中间件创建、运行、集成和巩固他们的产品。

3．国内知名企业中间件发展现状

（1）金蝶中间件

金蝶 Apusic 是企业基础架构软件平台，为各种复杂应用系统提供标准、安全、集成、高效的企业中间件。金蝶 Apusic 适用于电子政务、电子商务等不同行业的企业。金蝶 Apusic 拥有 ApusicJ2EE 应用服务器、ApusicMQ 消息中间件、ApusicESB、ApusicStudio 开发平台和 ApusicOperaMasks，组成轻量级风格的企业基础架构软件平台，具备技术模型简单化、开发过程一体化、业务组件实用化的显著特性，产品间无缝集成。

（2）中创中间件

中创中间件为政府及企业信息化建设提供“随需应变、快速构建”的 Infors 系列标准中间件产品。包括集成化中间件套件 InforSuite、分布式对象中间件 InforBus、平台化应用安全套件 InforGuard 三大产品系列。

四、中间件发展趋势

根据中间件技术的发展现状和中间件技术的本质、形态和市场等，可以预测未来中间件技术的发展有以下 5 个趋势。

1．厚宽化

中间件变厚变宽，功能越来越强，内容越来越丰富。中间件技术厚宽化发展趋势如图 8－3 所示。

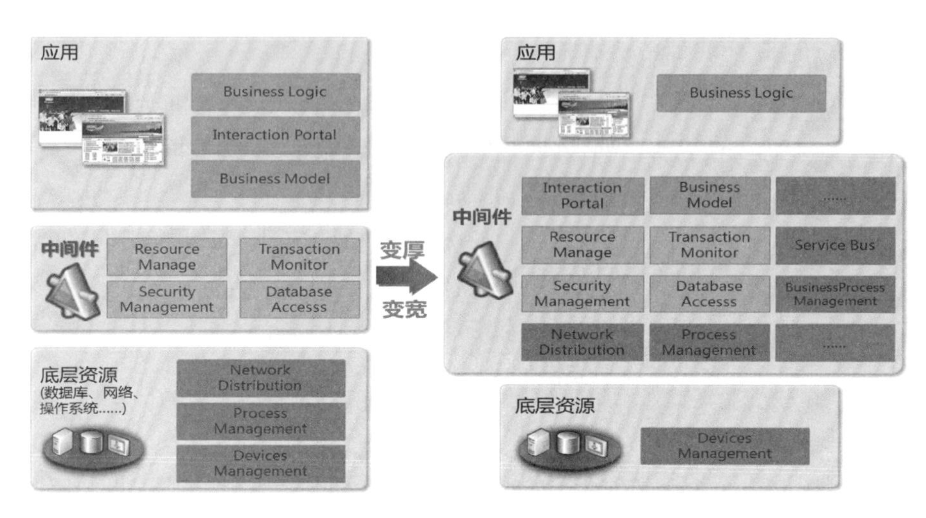

图 8-3　中间件厚宽化发展趋势

2. 服务化

中间件技术面向服务，易于集成，其服务化发展趋势如图 8-4 所示。

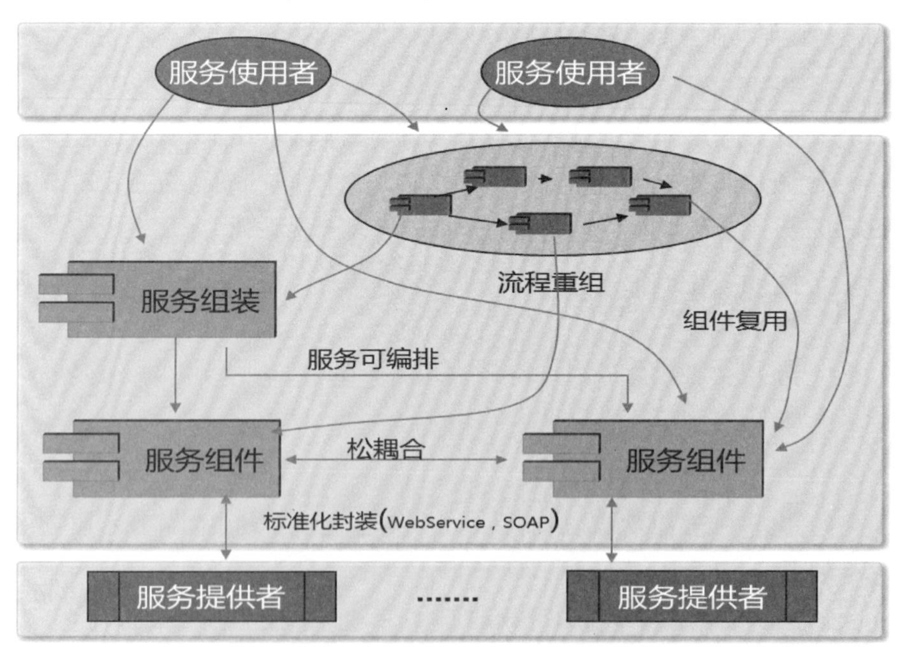

图 8-4　中间件服务化发展趋势

3. 一体化

中间件的发展趋势之三是一体化趋势，一体化趋势表现在 3 个方面：

①统一内核，易于演化；②统一编程模型，易于开发；③统一系统管理，易于管理。其中统一编程模型，易于开发趋势如图 8－5 所示。

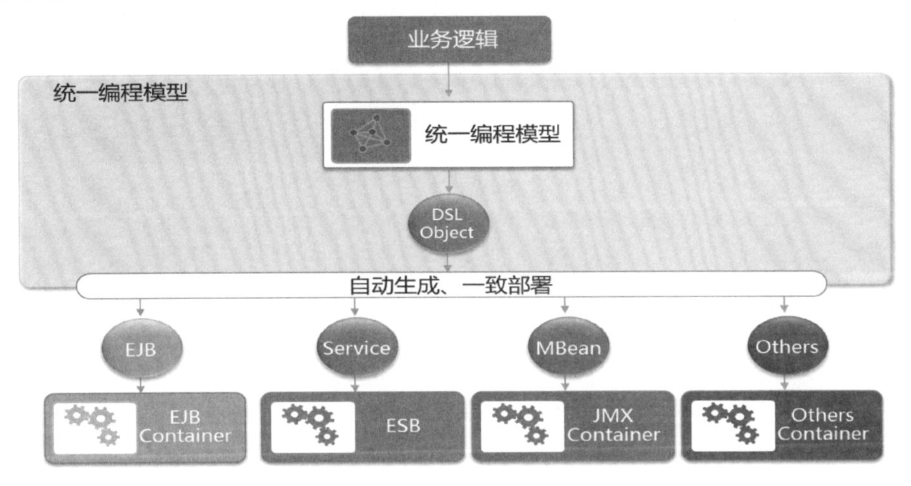

图 8－5 统一编程模型，易于开发

4．云计算

中间件发展趋势之四是支持云计算，易于交付。如图 8－6 所示。

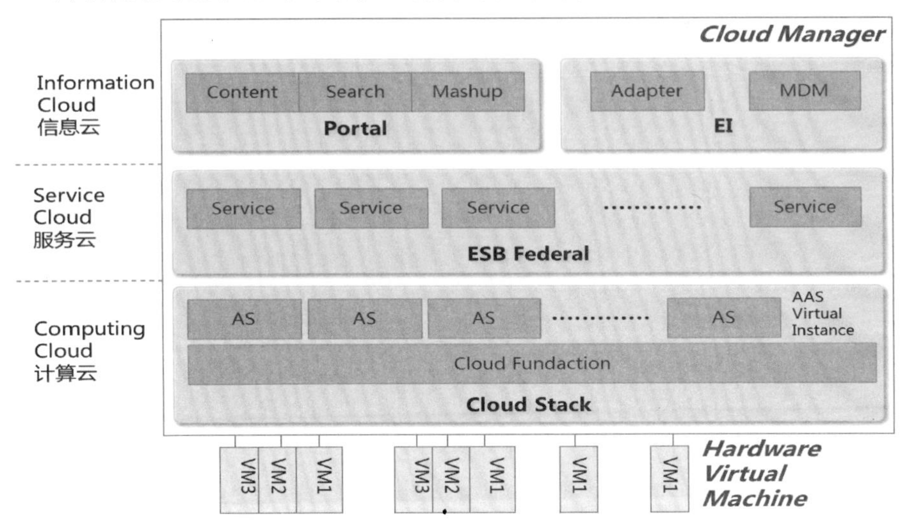

图 8－6 中间件云计算发展趋势

5．融合化

中间件发展趋势之四是后端平台深度融合，融合化趋势如图 8－7 所示。

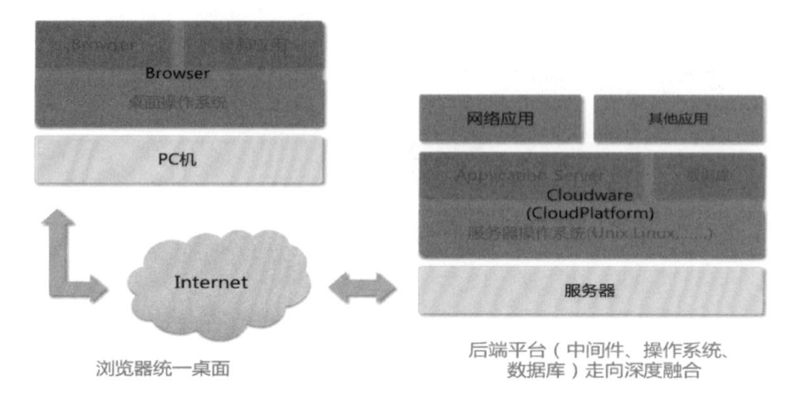

图 8－7　中间件融合化发展趋势

五、知识卡片（八）比尔·盖茨

比尔·盖茨（Bill Gates，1955. 10. 28—　），美国微软公司的前任董事长，首屈一指的科技天才，大慈善家，环保人，与保罗·艾伦创办微软公司，曾任微软首席执行官和首席软件设计师，持有公司超过 8% 的普通股，是公司最大的个人股东。在 1995—2007 年的《福布斯》全球亿万富翁排行榜中，比尔·盖茨连续 13 年蝉联世界首富。2008 年 6 月 27 日正式退休，并把 580 亿美元个人财产捐到比尔和梅琳达·盖茨基金会。

第三篇

渗透融合——应用软件

软件具有极强的渗透性，软件技术与其他领域渗透融合就产生了众多的应用软件（Application Software）。应用软件是为满足用户在不同领域面对各类问题的应用需求而使用的各种程序设计语言，以及用各种程序设计语言编制的应用程序的集合而开发的软件。应用软件种类繁多，按照软件的功用，可以把应用软件分为工业软件、图像处理软件、企业管理软件、安全软件、游戏娱乐软件、多媒体软件、教育教学软件、行业软件、图形与可视化软件以及网络工具软件等。由于篇幅有限，本篇重点介绍前 4 种应用软件。

第九章　工业软件

工业软件（Industrial Software）不同于传统的计算机应用软件，它是根据各个工业行业自身的功能需求和特点而有针对性地研发出来的工业应用型软件，具有鲜明的行业特色。工业软件能使生产过程变得更加自动化、智能化、网络化和便捷高效；工业软件的发展水平直接决定着国家的信息化和工业化建设的水平和进程。近年来，为了响应国家建设工业化、信息化的号召，国家大力发展工业软件的研发与制造。目前，我国的研发创新能力尚不及国际领先水平，国家信息化、工业化的建设也为工业软件的快速发展提出了新的要求。

一、工业软件概述

1. 工业软件的定义

（1）定义一

工业软件指专用于或主要用于工业领域，为提高工业企业研发、制造、生产管理水平和工业装备性能的软件。工业软件可以提高产品价值、降低企业成本、提高企业的核心竞争力，是现代工业装备的大脑。

（2）定义二

工业软件是指在工业领域里应用的软件，包括系统、应用、中间件以及嵌入式软件等。一般来讲，工业软件被划分为编程语言、系统软件、应用软件和介于这两者之间的中间件。其中，系统软件为计算机使用提供最基本的功能，但是并不针对某一特定应用领域。而应用软件则恰好相反，不同的应用软件根据用户和所服务的领域提供不同的功能。

（3）定义三

工业软件是一种交叉学科的产物，具有多学科交叉的特点。工业软件不仅需要专业的软件开发技术和知识的支持，还需要将各个相关行业的材料、工艺流程、能源、经济以及国家政策进行有机组合，并通过多学科知识库以及在生产实践过程中积攒下来的历史 DB，为工业生产的各个流程环节提供强有力的技术支撑，提高各个行业运转的效率。

2. 工业软件的特点

(1) 工业软件具有鲜明的行业特色

工业软件产品门类较齐全，覆盖了汽车产业、重大装备、智能电网、民用航空、石化、船舶、海洋工程、电子信息制造、石化产业、钢铁产业等多个行业，且每种软件都具有鲜明的行业特色。

(2) 工业软件的发展离不开软件知识和工业工艺

工业软件是工业和软件的结合。具体来说，不仅需要研发者在了解具体行业的流程特点之后研发出适合行业发展的工业软件，还需要工业软件的使用者对工业软件的工艺、流程等具有更具体的把握，两者缺一不可。

(3) 工业软件发展依托历史 DB

工业软件的发展往往需要依托历史数据的帮助。工业软件在使用的过程中会出现各种各样的历史数据，这些历史数据是行业经验的积累，可以对工业软件的创新研发起到支撑和催化剂的作用。随着工业软件的不断发展，各个行业的数据知识库也在不断扩充。因此，目前工业软件发展战略的首要任务，应该是建设好行业数据知识库，把行业知识变成发展该行业工业控制软件的动力，推动工业控制软件的技术水平由低端向高端转换。

3. 工业软件的分类

工业软件的分类如表 9－1 所示。

表 9－1 工业软件分类

行业	软件举例
机械装备	CAXA 网络 DNC 系统、中望 CAD/CAM 系列软件
冶　　金	首钢京唐钢铁公司能源管控系统
航天航空	天河 T5－RMES 科研生产信息系统
船舶制造	浪潮造船 CIMS 系统
汽车制造	华天 CAPP 系统
石油化工	中控能源管理中心系统 IES－Suite
电　　力	大型发电机组扭振监测抑制保护系统
轨道交通	北京地铁 8 号线综合监控系统
仪器仪表	CAXA 协同管理 PLM
烟　　草	天融信工业控制防火墙系统
医　　疗	基于健康档案的区域医疗卫生信息化系统

4. 工业软件的现实意义

（1）促进工业产业结构升级和优化

计算机技术对工业产业结构的改变带来了更多可能性。工业软件的出现使得工业的发展改变了过去落后的生产状态，可合理地利用资源、协调工业内部各个产业部门为社会提供更优质的服务，获得最佳的经济效益。工业软件在改造传统产业、促进产业结构升级、优化产业结构等方面发挥着关键性作用，工业软件的科技含量高、可持续发展能力强，具有高附加值、低能耗和低污染等特点。

（2）促使经济增长模式转变

工业软件的出现，使得全球工业逐步由单纯依赖资本扩张和提高劳动强度的人力密集型增长模式，向更依赖技术的进步和信息化程度的资本密集型转变。经济增长方式的转变伴随的是整个行业、整个社会生产效率的提高。即工业软件的出现使得工业生产更加数字化、网络化、智能化，使资金、设备、原材料的使用率得到了提高，也使得整个企业的生产能力在资本利用量增长不大的情况下反而大大提高，进而促使企业、行业和经济环境增长模式都发生了转变，并促进整体经济的发展。

二、典型的工业软件

1. 设计软件——AutoCAD

（1）AutoCAD 简介

AutoCAD（Auto Computer Aided Design）是 Autodesk 公司首次于1982 年开发的自动计算机辅助设计软件，用于二维绘图、详细绘制、设计文档和基本三维设计。AutoCAD 具有良好的用户界面，通过交互菜单或命令行方式便可以进行各种操作。它的多文档设计环境，使非计算机专业人员也能很快学会使用。

（2）AutoCAD 的应用领域

AutoCAD 具有广泛的适用性，它可以在各种 OS 支持的微型计算机和工作站上运行。AutoCAD 广泛应用于土木建筑、装饰装潢、城市规划、园林设计、电子电路、机械设计、服装鞋帽、航空航天以及轻工化工等诸多领域，如表 9－2所示。

表 9－2　AutoCAD 应用领域

应用领域	应用举例
工程制图	建筑工程、装饰设计、环境艺术设计、水电工程、土木施工
工业制图	精密零件、模具、设备
服装加工	服装制版
电子工业	印刷电路板设计

2. 物流行业软件——生产系统仿真软件 eM - Plant

（1） eM - Plant 简介

eM - Plant 是以色列公司 Tecnomatix 研发的产品，该软件用 C + + 编写。eM - Plant 主要针对不同规格的工厂和生产线，为它们提供流程设计、构建模型以及仿真优化服务，广泛应用于大规模跨国企业。

（2） eM - Plant 的功能

eM - Plant 的优势体现在分析资源利用率产能、效率优化生产、物流布局和供需链等方面，可以承接不同大小的订单与混合产品的生产。eM - Plant 拥有层次化仿真模型，该模型结构精良，包括了供应链、生产资源、控制策略、生产过程和商务过程，可进行不同要求的仿真训练。软件中含有扩展的分析工具、统计数据和图表，用户能利用其评估最终的解决方案并做出快速、科学的决策。

（3） 基于 eM - Plant 的 FMS 仿真模型模块

基于 eM - Plant 的 FMS（Flexible Manufacture System，柔性制造系统）仿真模型模块如图 9 - 1 所示。

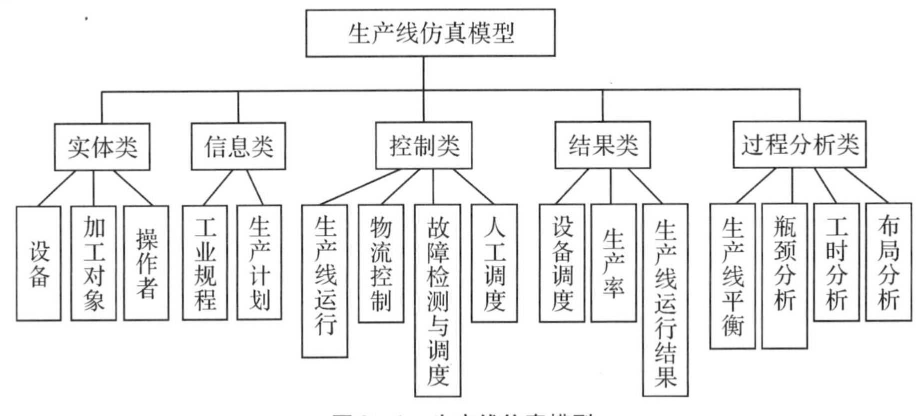

图 9 - 1 生产线仿真模型

（4） eM - Plant 的优点

①允许建模系统在对系统无干扰的情况下实现，也能在无系统环境下运行实现；②设计概念的测试在未装配时便可以进行；③利用模拟仿真可以找出前期设计的不足或瓶颈问题；④集成性系统有助于生产线的研发；⑤eM - plant 具备了建模和仿真的图形化环境，为数字化制造环境的建模仿真提供了基础；⑥eM - Plant 的层次结构十分清晰，有利于对象的建模。

3. 钢铁行业热轧软件——HSMM 热轧软件

（1） 热轧软件 HSMM 简介

热轧模型软件（HSMM）是由 14 家美国钢企、北美金属协会发起的一个项目，旨在设计一个软件工具。通过该软件，用户可以修改并完善产品结构，在制作新产品时分析热轧过程中的温度变化、力能参数变化、材料组织变化以及性能变化等。使用 HSMM 后，在生产制造过程中能节约大量的人力、物力、财力及时间。

（2）HSMM 的优势

①拥有大量基于冶金过程的物理模型；②可以将热轧过程中的热力学以及微观组织变化进行量化；③它的图形界面，提高了用户体验效果。

4. 航天行业软件——AVIDM

（1）AVIDM 简介

AVIDM（Aerospace Vehicles Integrated Design and Manufacturing，航天飞行器集成设计制造）是北京神舟航天软件技术有限公司为管理航天科技集团的航天型号产品而设计的核心软件。该软件通过网络和信息技术，为企业搭建一个从设计、生产到管理综合集成的分布式集成系统平台和协同工作环境。

（2）AVIDM 的核心功能

管理各种文档、数据与流程，特别是设计阶段的数据与流程；与企业计划、生产、管理等部门的相关信息化系统集成。AVIDM 软件能提高产品性能、缩短产品周期、减少研发费用，有助于推进航天工业的数字化发展。

（3）AVIDM 采用工作流技术

工作流技术是将数据存放在 Word 文档中，利用网络来实现文档的传递，传输文件信息。这是一种基于文档的“文档工作流”，而不是基于表单的表单工作流。

（4）通用的产品结构模型

AVIDM 提供了通用的产品结构模型，以满足不同型号的产品需求。另外，除了拥有一些共性特征之外，AVIDM 软件在设计时还预留了许多独特的属性，这些特性被称为“可配置属性”，利用这些可配置属性，可以实现产品结构的扩展，从而扩大应用范围。

三、工业软件发展现状

1. 工信部对工业软件的支持

（1）政策指引

工信部制定并实施了《信息化和工业化深度融合专项行动计划（2013—

2018年)》，提出了中长期推进两化深度融合的具体举措。

(2) 资金支持

改进了财政资金支持方式，国家科技重大专项、技术改造专项、工业转型升级资金、中小企业发展资金等手段都向两化深度融合专项行动倾斜。

(3) 加快政府职能转化

在2013年取消和下放了17项行政审批事项，到2014年年底，行政审批事项将削减1/3。着力加强公共服务和市场监管，充分肯定并发挥市场的基础性作用，要求行业协会做好行业自律、企业服务、市场拓展等方面的工作，同时积极拓展服务领域，承担起行业信息化组织推广的责任。

(4) 在标准体系方面

要求在加快建立企业两化融合管理体系的同时，要围绕智能制造、智能监测监管、工业软件、工业控制、机器到机器通信、信息系统集成等重点工作，加快制定相关技术标准，抓好标准的评估、试点、宣贯，以推广应用。

(5) 监管服务和安全保障

要求拓展监管领域，创新监管手段，加大对电信市场、互联网信息服务、电子认证服务等领域的市场监管；规范企业市场竞争行为，加强行业自律，提高服务质量，维护广大用户的合法权益；加强对重要信息系统的安全管理检查，加强重点领域工业控制系统的信息安全管理，强化信息产品和服务的信息安全监测与认证。

2. 我国工业软件的发展现状

我国工业软件经过10余年的发展，在自主创新和推广应用上都取得了新的跨越，突破了一系列关键共性技术，形成了一批具有市场竞争力的软件产品，提升了制造企业的核心竞争力。在产品研发类软件中，国内企业呈现了上升趋势，并已经具备抢占市场的能力；在生产管理类软件中，国内的用友、浪潮等近年来发展迅猛，与国外巨头已形成分庭抗礼的局面；在生产控制类软件中，浙江中控、宝信等国内企业抓住了本土化的市场需求，取得了较好的成绩；在嵌入式软件领域，中兴、华为等已经步入世界先进行列。

3. 中国工业软件发展高层论坛

中国工业软件发展高层论坛从2010年到2014年已经开了5届，论坛主题如表9－3所示。

表9－3 中国工业软件发展高层论坛

届数	时间	地点	主题
三	2012.06.01	北京	提升工业软件整体实力 服务中国工业转型升级
四	2013.05.30	北京	驱动工业软件创新 实现关键应用突破
五	2014.05.29	北京	互联网思维下的新工业革命

（资料来源：公开资料整理，仅找到3届资料）

四、工业软件发展趋势

从全球范围来看，当前工业软件的产品组合已趋于成熟。就我国而言，在“四化同步”“两化深度融合”、走有中国特色新型工业化道路的今天，工业软件承担着更加重要的使命，也面临着前所未有的机遇。同时，工业软件的创新和发展尚需时日。我国工业软件未来的发展方向可以归结为以下几点：

1. 专注重点行业

重点研发与国民经济联系更加紧密的钢铁、航空、汽车、电子制造、机械制造、生物医药、石化产品以及重大装备制造等领域，其他工业领域的软件以现有软件为基础进行自主创新。要注意突出重点，优先解决主要矛盾。

2. 标准研发

围绕重点行业，开展工业软件分行业标准研究，建立不同行业的标准规则与行业历史DB，在工业软件开发、系统集成、产品定型等各个方面形成优势，提高工业软件的服务质量。

3. 完善专业化的服务

工业软件的可持续发展不仅仅依赖于工业软件的研发，还依赖于工业软件投入市场之后的服务质量。用户对于产品质量、性能和用户体验等方面都具有较高的要求。因此，在发展工业软件的同时，还应加快受理并认定一批以工业软件开发、验证测试、产业融合孵化为基本内容的公共服务平台，重点支持产业基地内的工业软件企业发展。

4. 发展方向

①智能制造、智能监测监管、工业软件、工业控制、机器到机器通信、信

息系统集成等重点领域的技术标准制定、评估、试点、宣贯和推广应用。

②重点领域装备智能化、生产过程和制造工艺智能化以及智能制造生产模式的集成应用。

③在重点行业的电子商务应用、行业物流信息化和供应链协同、物联网、工业云、大数据等新技术新应用，将驱动新型生产性服务业的发展。

④食品、医药领域的可追溯的安全质量信息体系，民爆、化学品等高危行业的智能检测，重点用能企业的数字化能源解决方案等，需求可能集中在工控自动化系统、管理软件、流程控制软件等领域。

国内工业软件产量上升，但工业软件缺口依然呈现出逐年扩大的趋势。作为一个制造业大国，我国对于工业软件有较高的需求，这将对于工业软件的生产提供巨大的推动作用。另外，从世界范围来看，工业软件行业尚未形成垄断体系，这也为我国工业软件行业的快速发展提供了可能。因此，相信经过10～15年的努力，我国工业软件产业有可能成为产品更加完善、技术水平领先、具有中国现代化工业特色的软件行业。

五、知识卡片（九）史蒂夫·保罗·乔布斯

史蒂夫·保罗·乔布斯（Steven Paul Jobs，1955.02.24—2011.10.05），美国发明家、企业家、美国苹果公司联合创办人。乔布斯被认为是计算机业界与娱乐业界的标志性人物，他经历了苹果公司几十年的起落与兴衰，先后领导和推出了麦金塔计算机（Macintosh）、iMac、iPod、iPhone、iPad等风靡全球的电子产品，深刻地改变了现代通信、娱乐及生活方式。

第十章 图像技术与软件

人类从外界获得的信息约有75%来自视觉系统，这既说明视觉信息量巨大，也表明人类对视觉信息有较高的利用率。人们用各种技术方式和手段对图像进行加工，以获得需要的信息。从广义上，图像技术可看作各种图像加工技术的总称。随着人们研究的深入和应用的广泛，已有的图像技术在不断更新和扩展，许多新的图像技术和图像处理软件也在不断诞生，图像技术已广泛地应用于生活、工作、学习以及娱乐等各方面。

一、图像技术与软件概述

1. 图像工程技术概念

（1）图像技术

图像技术（Image Technology）在广义上讲是各种与图像有关的技术的总称，主要涉及数据的提取、编码、存储和传输；图像的合成和产生；图像的显示和输出；图像的变换、增强、复原和重建；图像的分割；目标的检测；表达和描述；特征的提取和测量；序列图像的校正；3－D景物的重建复原；图像DB的建立、索引和抽取；图像的分类、表示和识别；图像模型的建立和匹配；图像和场景的解释与理解；以及基于它们的判断决策和行为规划等，还可包括为完成上述功能而进行的硬件设计以及制作等技术。

（2）图像工程

图像工程（Image Engineering）学科则是将数学、光学等基础科学的原理，结合在图像应用中积累的技术经验而发展起来的。图像工程这个概念是对整个图像领域进行研究应用的新学科。

（3）图像技术与图像工程

图像技术多年来的发展和积累为图像工程学科的建立打下坚实的基础，而各类图像应用也对图像工程学科的建立提出了迫切的需求。图像技术侧重技术问题，而图像工程的内容更为广泛，是一个新的学科，概括整个图像领域的研究应用。图像技术与图像工程在概念上和使用中并没有绝对的界限。

2. 图像工程技术的发展历程

（1）图像技术的发展历程

数字图像技术起源于20世纪20年代，在数字计算机及显示技术成熟之后才得到快速发展。图像技术的发展历程如表10－1所示。

表10－1 图像技术的发展历程

时 间	事 件
20世纪20年代	通过海底电缆从英国伦敦到美国纽约采用数字压缩技术传输了第一幅数字照片，用来改善图像的质量
20世纪50年代	大型数字计算机和太空科学研究计划，才使人们注意到图像处理的潜力
20世纪60年代	快速傅立叶变换算法的发现和应用使得对图像的某些计算得以实现；改善从太空探测器获得的图像
20世纪70年代	图像技术有了长足的进展，且出版第一本主要的图像处理专著
20世纪80年代	各种硬件的发展使得人们不仅能处理2D图像而且开始处理3D图像
20世纪90年代	图像技术已逐步涉及人类生活和社会发展的各个方面。广义来说，文本、图形、视频等都需要借助图像技术才能充分利用
21世纪	图像技术的研究不断深入，应用范围进一步扩大，正在改变着人们的生活、工作与娱乐方式

（资料来源：公开资料整理）

（2）图像工程的发展历程

由于图像技术得到了长足的进展，出现了许多新理论、新方法、新算法、新手段以及新设备。学术界需要对它们进行综合研究和集成应用，由此出现了图像工程。“图像工程”的概念在1982年首先提出，当时主要包括有关图像的理论技术、对图像数据的分析管理以及各种应用。现在使用图像工程这个概念是将其看作一个对整个图像领域进行研究应用的新学科。

3. 图像技术的应用

图像技术的应用领域涉及人类生活和工作的方方面面。随着人类活动范围的不断扩大，图像处理的应用领域也将随之扩大。图像技术的应用领域如表10－2所示。

表10－2　图像处理的应用领域

学科领域	应用领域
航天和航空技术	JPL（Jet Propulsion Laboratory）对月球、火星照片的处理；飞机遥感和卫星遥感技术等；无人机航拍图像拼接等
生物医学工程	CT技术；对医用显微图像的处理分析（红细胞、癌细胞识别等）；超声波图像处理、立体定向放射治疗等医学诊断
通信工程	图像信息传输、电视电话、卫星通信等
工业和工程	自动装配线中检测零件的质量与分类，印刷电路板疵病检查，弹性力学照片的应力分析，恶劣环境下识别工件的形状等
军事公安	导弹的精确制导军事自动化指挥系统，飞机、坦克和军舰模拟训练系统等；不完整图片的复原以及交通监控、事故分析等
文化艺术	电视画面的数字编辑，动画的制作，文物照片的复制和修复，运动员动作分析和评分等
机器人视觉	三维景物理解和识别，机器视觉主要用于军事侦察、危险环境的自主机器人、太空机器人的自动操作等
视频和多媒体	图像处理、变换、合成，多媒体系统中静止和动态图像的采集、压缩、处理、存储和传输等
科学可视化	科学研究各个领域新型的研究工具
电子商务	身份认证、产品防伪、水印技术等
宇宙探测	其他星体的图像处理
遥感方面	地形、地址、资源勘探、灾情调查等
气　象	卫星云图分析
考　古	珍贵文物图像、名画等的辅助修复
化　学	结晶分析、薄膜形态分析

（资料来源：公开资料整理）

总之，图像处理技术应用领域相当广泛，已在国家安全、经济发展、日常生活中充当越来越重要的角色，对国计民生的作用也不可低估。

4. 图像处理软件

图像处理软件是用于处理图像信息的各种应用软件的总称，应包括图像处理、图像分析及图像理解软件。专业的图像处理软件有 Adobe 的 photoshop 系列以及基于应用的处理管理软件 picasa 等。还有很多实用的大众型软件，如美图秀秀，动态图片处理软件有 Ulead GIF Animator、gif movie gear 等。另外还有许多应用于特定领域的图像处理软件，如泰坦遥感图像处理软件（Titan Image）等。

二、图像技术相关问题

1. 图像技术层次划分与相关学科

(1) 图像技术层次

图像技术的内容非常丰富。根据抽象程度和研究方法的不同，可分为图像处理、图像分析和图像理解三个层次，三者有机结合。图像技术层次划分如图 10－1所示。

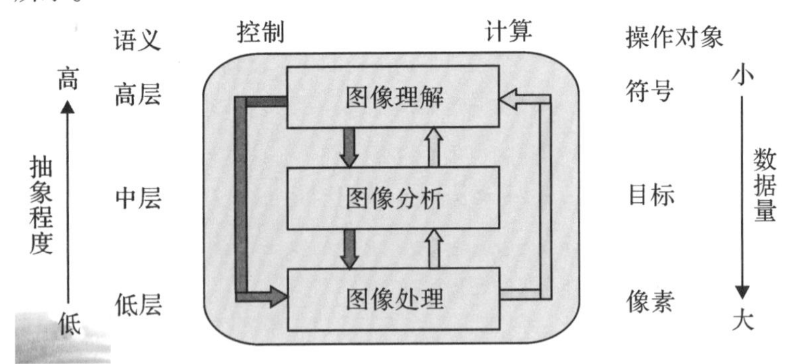

［资料来源：《图像工程》（上册），下同］

图 10－1 图像技术层次划分

(2) 图像技术与其他学科的关联

图像技术与其他学科的关联如图 10－2 所示。

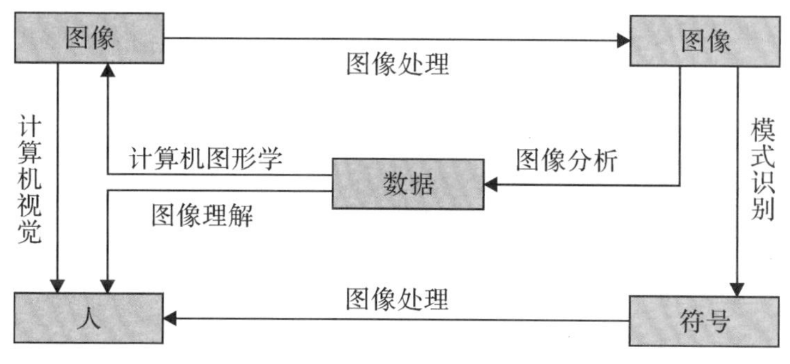

图 10－2　图像技术与其他学科的关联

2．图像处理

（1）图像处理的概念

图像处理（Image Processing）即数字图像处理，是用计算机对图像进行分析，以达到所需结果的技术。数字图像是指用数字摄像机等设备经过采样和数字化得到的一个很大的二维数组，该数组的元素称为像素，其值称为灰度值。

（2）图像处理的特点

图像处理是比较低层次的操作，它主要在图像像素级上进行处理，处理的数据量非常大。

（3）图像处理的重点

图像处理的重点是图像之间进行的变换。虽然人们常用图像处理泛指各种图像技术，但比较狭义的图像处理主要是对图像进行各种加工，以改善图像的视觉效果并为自动识别打基础，或对图像进行压缩编码以减少所需的存储空间。

（4）图像处理相关技术

图像处理技术的主要内容包括图像压缩、增强和复原、匹配、描述和识别等。常见的处理有图像数字化、图像编码、图像增强、图像复原、图像分割及图像分析等。

3．图像分析

（1）图像分析的概念

图像分析（Image Analysis）指在图像处理的基础上，从图像中检测、测量和抽取兴趣区域（Region of Interest，ROI），进而对获取的 ROI 进行分析，以得到有价值的信息，并最终对目标进行合理表达的过程。

（2）图像分析的特点

图像处理是一个从图像到图像的过程，而图像分析则是一个从图像到数据的过程。这里的数据可以是目标特征的测量结果，或是基于测量的符号表示，它们描述了目标的特点和性质。

(3) 图像分析的目标

图像分析是以目标为对象，主要研究图像中感兴趣目标的检测和测量，从而获得它们的客观信息，建立对图像的客观描述。图像分析是图像理解的基础，是图像技术中间层，图像分析的结果将直接影响最终对图像的理解。

(4) 图像分析内容与相关技术

图像分析的内容主要包括图像边界检测、阈值分割、兴趣区域测量、纹理分析、形状分析、基于数学形态学的图像分析等。图像分析相关技术主要包括模式识别和人工智能等，同时，特定领域的知识也尤为重要。

4. 图像理解

(1) 图像理解的概念

图像理解（Image Understanding，IU）是指在图像处理和分析的基础上，分析研究图像中目标的特征以及目标之间的联系，从而做到对图像的正确理解，并最终做出合理的决策。

(2) 图像理解的特点

图像理解是高层操作，基本上是对从描述抽象出来的符号进行运算，其处理过程和方法与人类的思维推理有许多相似之处。

(3) 图像理解的重点

图像理解的重点是在图像分析的基础上，进一步研究图像中各目标的性质和它们之间的相互关系，并得出对图像内容含义的理解以及对原来客观场景的解释，从而指导和规划行动。图像理解就是以客观世界为中心，借助知识、经验等来把握整个客观世界。

(4) 图像理解内容与相关技术

图像理解的研究内容主要是基于目标的图像检索、模式识别、知识的获取与表达等。人工智能、神经网络、遗传算法、模糊逻辑等新理论、新工具、新技术及其领域知识都将支撑图像理解。

三、图像技术与软件发展现状

1. 图像技术发展现状

图像技术与许多学科关系密切，如计算机图形学、模式识别以及计算机视觉等，而且应用范围极为广泛、发展迅速。由于篇幅所限，在此仅从4个具体方面对图像技术发展现状加以介绍。

（1）医学图像技术发展现状

医学图像处理与一般意义上的图像处理比较有其特殊性和不同的侧重点，除了研究图像滤波、图像恢复、边缘检测、轮廓提取、图像编码等传统经典图像处理内容外，同时重点研究医学图像分析和病情的辅助诊断等，在现代疾病诊断中发挥了巨大作用。医学图像技术涉及的许多问题都处于深入研究之中，如医学图像纹理分析、基于小波变换的多模医学图像融合算法、数字水印算法、医学图像体绘制以及医学图像三维重建等。

（2）航拍图像处理技术发展现状

航拍图像主要有卫星航拍图像和无人机航拍图像。航拍图像处理技术研究目前涉及多个方面，如航拍图像拼接技术、无人机航拍图像配准方法、重拍图像取证、基于航拍图像的森林火灾面积计算等。

（3）视频图像技术发展现状

视频图像已有很多应用，目前研究主要集中在视频图像中运动目标检测、监控视频图像质量诊断方法、微光视频图像的目标检测与增强技术、高帧率视频图像获取与实时处理、立体图像和视频编辑、视频图像拼接关键技术、基于内容分析的图像视频编码、面向行人群信息提取的视频图像目标跟踪等方面。

（4）三维图像技术发展现状

近年来，三维图像技术发展迅速、研究不断深入，目前研究涉及很多方面，如三维图像边界曲面的体绘制、三维图像中的异常体表面重构、二维序列图像重建三维图像中的拼接与融合、基于聚类预处理的三维图像重构、三维定量相位显微镜成像及图像分析、三维图像纹理分析与应用嵌入式三维图像恢复等。

2. 图像处理软件发展现状

图像处理软件排行榜如表10－3所示。

表 10－3 图像处理软件排行榜

软件名称	版权所有	软件介绍
Adobe Photoshop	Adobe	专业图像处理与绘图软件。可以提供专业级的图像编辑与处理，更有效地进行图片编辑工作
CorelDRAW	Corel	CorelDRAW Graphics Suite（加拿大），非凡的设计能力广泛地应用于商标设计、标志制作、模型绘制、插图描画、排版及分色输出等诸多领域
美图秀秀	美图网	中国最流行的免费图片软件
光影魔术手	迅 雷	简便易用的照片美化软件。是专门针对家庭数码相机拍照中的各种缺陷问题和照片常用美化方法的设计
Mind	XMind	导图软件与可视化思维软件，可绘制思维导图、鱼骨图、逻辑图、组织结构图等，以结构化的方式来展示具体的内容
Macromedia Fireworks	Macromedia	Fireworks 是 Macromedia 开发的图像软件，借助于 Macromedia Fireworks 8，可创建和优化用于网页的图像
Digital Photo Professional	佳 能	佳能数码单反相机等附带的软件（DPP），既可进行 RAW 显像，还可方便地作为图像润色软件来使用

（资料来源：根据公开资料整理）

四、图像技术发展趋势与应用前景

1. 图像技术发展趋势

（1）图像技术向高层次发展

随着计算机技术、人工智能和思维科学研究的迅速发展，图像处理和图像分析快速向更高、更深的层次发展，并开始研究如何利用计算机系统解释图像，实现类似人类视觉系统理解外部世界，即计算机视觉。

（2）图像技术与图形技术融合

图形与图像不同，图形是指由外部轮廓线条构成的矢量图，由计算机绘制得到；而图像是由各种输入设备捕捉实际的画面产生的数字图像，是由像素点阵构成的位图。图像技术将与图形技术融合发展，如虚拟现实中基于图形与图像的混合建模、实时视景中三维图形与视频背景融合、基于图形与图像的混合绘制等。

（3）图像搜索占比将增加

移动互联网时代消费者的行为正在发生着变化。从搜索上看，语音和图像搜索成为更便捷、更低门槛的表达方式。据统计，用户使用百度搜索的次数达到了每人每天500次。其中，拍照识别占搜索的35.5%，人脸识别占图片搜索的15.3%。未来几年使用语音和图像来表达需求的比例将超过50%，会超过传统纯文字的使用量。

（4）实时图像处理多平台实现

未来，图像处理技术不仅要在计算机上做到实时，而且在移动设备上也需要实时处理。随着移动设备处理能力的提高以及图像处理技术在设计和算法方面的改进，基于移动终端的实时图像处理技术将有巨大的发展前景。

（5）相关学科渗透融合

图像技术与许多学科密切相关，如图10-2所示。随着科学技术的发展，图像技术、图形技术、模式识别以及计算机视觉等学科将进一步渗透融合，学科界限也将变得模糊。

2. 图像技术应用前景

图像技术主要应用领域如表10-2所示，随着移动互联网、物联网、云计算和大数据等新技术的发展，图像技术的应用范围将不断扩大。图像技术在智慧家庭、智慧城市、智慧地球乃至智慧宇宙的建设中都将发挥越来越大的作用，图像技术应用前景十分广阔。

五、知识卡片（十）姚期智

姚期智（Andrew Chi-Chih Yao，1946.12.24— ），世界著名计算机学家，2000年图灵奖得主，美国科学院院士，美国科学与艺术学院院士，中国科学院外籍院士，清华大学高等研究中心教授。多年来，姚期智先生以其敏锐的科学思维，不断向新的学术领域发起冲击，在数据组织、基于复杂性的伪随机数生成理论、密码学、通信复杂性乃至量子通信和计算等多个尖端科研领域，都做出了巨大而独到的贡献。在获图灵奖之前，他就已经在不同的科研领域屡获殊荣，曾获美国工业与应用数学学会乔治·波利亚奖和以算法设计大师克努特命名的首届克努特奖，是计算机理论方面国际上最拔尖的学者。

第十一章 安全软件

随着信息化、网络化进程的加快，计算机系统、网络环境及其各种软件都存在着巨大的安全隐患。为了消除这些安全隐患，人们开发了各种安全软件。安全软件是辅助管理电脑安全的软件程序，可分为杀毒软件、系统工具及反流氓软件等。其中杀毒软件应用最为广泛，它是用于消除电脑病毒、特洛伊木马和恶意软件等计算机威胁的一类软件。

一、安全软件概述

1. 安全软件的定义

(1) 定义一

安全软件（Security Software）是一种可以对病毒、木马等一切已知的对计算机有危害的程序代码进行清除的软件工具。

(2) 定义二

简单地说，安全软件是能够提高和改善软件安全性的软件工具。

2. 安全软件的分类

安全软件可分为加密软件、反间谍软件、杀毒软件、防火墙软件、系统工具、安全网关（Unified Threat Management，UTM）、入侵检测、网络漏洞扫描以及应用监管等。

①加密软件，在OS层自动地对写入存储介质的数据进行加密的软件。

②反间谍软件（Anti-Spyware），是用于检测并清除间谍软件的软件。间谍软件是一些专门在用户不知情或未经用户准许的情况下收集用户的个人数据的软件。

③杀毒软件，也称反病毒软件或防毒软件，是用于消除电脑病毒、特洛伊木马和恶意软件等计算机威胁的一类软件。

④防火墙软件，指的是一个在内部网和外部网之间、专用网与公共网之间的界面上构造的保护屏障的软件。

⑤系统工具，WINDOWS 自身不携带，其他软件开发者开发的具有系统优化、管理等作用的工具软件。

3．安全软件的意义

（1）“棱镜门”的启示

棱镜计划（PRISM）是一项由美国国家安全局自 2007 年起开始实施的绝密电子监听计划，2013 年被曝光并称其为“棱镜门”事件。它向世人敲醒了警钟：信息安全威胁国家安全。

（2）安全软件的影响

随着信息化、网络化进程的加快，软件无处不在，各种环境下运行的软件都存在着巨大的安全隐患。例如，一处病毒攻击就可能出现“蝴蝶效应”，导致大量的计算机和互联网瞬间瘫痪，进而造成大面积网络相关业务瘫痪，甚至造成整个社会混乱。所以，能够防范和消除安全隐患的安全软件越来越重要，即安全软件关系到国家安全。

4．几种安全软件

（1）360 杀毒软件

360 杀毒是永久免费、性能超强的杀毒软件，在中国市场占有率第一。360 杀毒采用领先的四引擎：国际领先的常规反病毒引擎——BitDefender 引擎、修复引擎、360 云引擎以及 360QVM 人工智能引擎。现可查杀 660 多万种病毒。在最新 VB100 测试中，双核 360 杀毒大幅领先，名列国产杀毒软件第一。360 杀毒有优化的系统设计，对系统运行速度的影响极小。360 杀毒和 360 安全卫士配合使用，是安全上网的“黄金组合”。

（2）诺顿杀毒软件

诺顿杀毒软件（Norton Antivirus）是赛门铁克（Symantec）公司个人信息安全产品之一，是一个应用广泛的反病毒软件。它包括诺顿防病毒软件（Norton Antivirus）、诺顿网络安全特警（Norton Internet Security）以及诺顿 360 等产品，可以运行在 Windows 2000/XP/Vista/7/8 等环境下。其优点：全面保护信息资产、智能病毒分析技术、自我保护机制、攻击防护能力以及准确定位攻击源等。

（3）卡巴斯基

卡巴斯基（Kaspersky ）反病毒软件是世界上拥有最尖端科技的杀毒软件之一，由俄罗斯“卡巴斯基实验室”开发。主要针对家庭及个人用户，能够彻底保护用户计算机不受各类互联网威胁的侵害，可实现下述功能：反恶意软件保护、网络保护、身份保护、高级家长控制等。

（4）金山毒霸

金山毒霸是金山公司推出的电脑安全产品，监控、杀毒全面、可靠，占用系统资源较少。其软件的组合版功能强大，集杀毒、监控、防木马、防漏洞为一体，是一款具有市场竞争力的杀毒软件。金山毒霸“可信云查杀”杀毒软件，颠覆了金山毒霸 20 年的传统技术，全面超过主动防御及初级云安全等传统方法，采用本地正常文件白名单快速匹配技术，配合金山可信云端体系，实现了安全性、检出率与速度。

（5）瑞星杀毒软件

瑞星杀毒软件监控能力十分强大，但同时占用系统资源较大。瑞星采用第八代杀毒引擎，能够快速、彻底查杀大小各种病毒。但是，瑞星的网络监控不甚理想，最好再加上瑞星防火墙弥补缺陷。另外，瑞星拥有后台查杀、断点续杀、异步杀毒处理、空闲时段查杀、嵌入式查杀、开机查杀等功能。

（6）百度杀毒软件

百度杀毒是百度公司与计算机反病毒专家卡巴斯基合作出品的全新免费杀毒软件，集合了百度强大的云端计算、海量数据学习能力与卡巴斯基反病毒引擎专业能力，一改杀毒软件卡机臃肿的形象，竭力为用户提供轻巧不卡机的产品体验。百度杀毒采用卡巴斯基反病毒引擎，集合了百度云查杀引擎，永久免费，简洁轻巧，不卡机。

二、安全软件相关技术

1．特征码扫描

扫描机制：将扫描信息与病毒 DB（病毒特征库）进行对照，如果信息与其中的任何一个病毒特征符合，杀毒软件就会判断此文件被病毒感染。杀毒软件在进行查杀的时候，会挑选文件内部的一段或者几段代码来作为它识别病毒的方式，这种代码就叫作病毒的特征码；在病毒样本中，抽取特征代码，抽取的代码要有适当长度。特征码类别分为文件特征码和内存特征码。

2．文件校验

对文件进行扫描后，可以对正常文件的内容计算其校验和，将该校验和写入文件或写入别的文件保存；在文件使用过程中，定期或每次使用文件前，检查文件现在内容算出的校验和与原来保存的校验和是否一致，由此可以发现文件是否感染病毒。

3．进程行为监测法

机制：通过对病毒多年的观察、研究，有一些行为是病毒的共同行为，而且比较特殊，在正常程序中，这些行为比较罕见。当程序运行时，监视其进程的各种行为，如果发现了病毒行为，立即报警。优点：可发现未知病毒、可相当准确地预报未知的多数病毒；缺点：可能误报警、不能识别病毒名称、有一定实现难度、需要更多的用户参与判断。

4. 主动防御技术

主动防御并不需要病毒特征码支持，只要杀毒软件能分析并扫描到目标程序的行为，并根据预先设定的规则，判定是否应该进行清除操作主动防御来领先于病毒，让杀毒软件自己变成安全工程师来分析病毒，从而达到以不变应万变的境界。

三、安全软件发展现状

1. 安全软件发展现状

如前所述，安全软件可分为加密软件、反间谍软件、杀毒软件、防火墙软件、系统工具、安全网关、入侵检测、网络漏洞扫描以及应用监管软件等。目前，有众多的计算机和手机安全软件。其中，360 安全卫士由于免费使用且具有极强的杀毒性能，在中国市场占有率中位居榜首。Norton Security 2015 安全套件已正式发布。

2. 安全软件排行榜

世界知名评测机构 AV－TEST 最新发布了 2014《XP 漏洞防护评测报告》成绩，参与测试的 10 款全球不同区域流行的安全软件排行榜如图 11－1 所示。

产品名称	拦截攻击次数	拦截成功率
360安全卫士	54	100%
诺顿	54	100%
卡巴斯基	51	94.44%
金山毒霸	48	89.89%
比特梵德	42	77.78%
小红伞	37	68.52%
AVG	37	68.52%
avast!	33	61.11%
ESET	31	57.41%
腾讯电脑管家	10	13.51%

（资料来源：http://soft.chinabyte.com/os/33/12945033.shtml）

图 11－1 2014《XP 漏洞防护评测报告》成绩

四、安全软件的发展趋势

根据安全软件的发展现状和软件的本质、形态和市场等，可以预测未来安全软件的发展有以下 4 个趋势：

①智能识别未知病毒，从而更好地消除未知病毒。

②云安全趋势。“云安全（Cloud Security）”是网络时代信息安全的最新体现，它融合了并行处理、云计算、未知病毒行为判断等新兴技术和概念，通过网状的大量客户端对网络中软件行为的异常监测，获取互联网中木马、恶意程序的最新信息。

③增强自我保护功能趋势。大部分反病毒软件都有自我保护功能，不过依然有病毒能够屏蔽它们的进程，致使其瘫痪而无法保护计算机，增强自我保护功能是未来的发展趋势。

④资源占用降低趋势。很多杀毒软件都需要占用大量的系统资源（如内存资源、CPU 资源等），虽然保证了系统的安全，却降低了系统的速度。降低杀毒软件的系统资源占用是未来的大趋势。

五、知识卡片（十一）王选

王选（1937. 02. 05—2006. 02. 13），中国科学院院士，中国工程院院士，第三世界科学院院士，北京大学教授。他是汉字激光照排系统的创始人和技术负责人。他所领导的科研集体研制出的汉字激光照排系统为新闻、出版全过程的计算机化奠定了基础，被誉为“汉字印刷术的第二次发明”。1992 年，王选又研制成功世界首套中文彩色照排系统。先后获日内瓦国际发明展览金牌，中国专利发明金奖，联合国教科文组织科学奖，国家重大技术装备研制特等奖等众多奖项，1987 年和 1995 年两次获得国家科技进步一等奖；1985 年和 1995 年两度列入国家十大科技成就，是国内唯一四度获国家级奖励的项目。

第十二章　企业管理信息系统

企业管理信息系统（Enterprise Management Information System，EMIS）是包括整个企业生产经营和管理活动的一个复杂系统，近年来发展到物料需求计划（Material Requirement Planning，MRP）、制造资源计划（Manufacturing Resource Planning，MRPⅡ）、企业资源计划系统（Enterprise Resource Planning，ERP）等不同阶段，各个阶段侧重点有所不同。管理信息是重要的资源、是决策的基础、是实施管理控制的依据、是联系组织内外的纽带，所以ERP在现代企业中将发挥越来越大的作用。

一、企业管理信息系统概述

1. 企业管理信息系统定义

（1）定义一

企业管理信息系统是指建立在信息技术基础上，以系统化的管理思想为企业决策层及员工提供决策运行手段的管理平台的新一代集成化管理信息系统。其核心思想是供应链管理，它跳出了传统企业的边界，从供应链范围去优化企业的资源。

（2）定义二

企业管理信息系统是包括整个企业生产经营和管理活动的一个复杂系统，该系统通常包括：生产管理、财务会计、物资供应、销售管理、劳动工资以及人事管理等子系统，它们分别具有管理生产、财务会计、物资供应、产品销售和工资人事等工作职能。

2. EMIS 的发展历程

(1) EMIS—MRP—ERP

我国的 EMIS 建设起始于 20 世纪 80 年代初，经过许多研制开发单位和企业的共同努力，已取得了很大的成功。EMIS 的发展分为 MRP、MRP Ⅱ、ERP 不同阶段，各个阶段侧重点有所不同。MRP 是利用物料清单、库存数据和生产计划计算物料需求的一套技术，主要对制造环节中的物流进行管理；MRP Ⅱ 是对制造企业所有资源进行有效计划的一种方法，集成了物流、资金流，将人、财、物、时间等各种资源，包括经营规划、生产规划、物料需求计划、能力需求计划等执行支持系统；ERP 是 MRPⅡ发展而来的一种管理软件，侧重于企业内部管理，是企业内部的“供应链”系统，对企业的整体资源进行集成管理。

(2) MRP

1965 年，IBM 公司约瑟夫·奥列基博士（Joseph A. Orlicky）首先提出了 MRP 概念，提出把产品中的各种物料分为独立需求（independent demand）和相关需求（dependent demand）两种类型的概念，并按需用时间的先后（优先级）及提前期的长短，确定各个物料在不同时段的需求量和订单下达时间。

MRP 系统的目标：围绕所要生产的产品，在正确的时间、正确的地点，按照规定的数量得到真正需要的物料。MRP 是一种规范化管理系统，它所依据的管理理念主要是：①供应必须与需求平衡；②优先级计划原则。

MRP 回答了 4 个制造业的主要问题，即生产什么？用到什么？已有什么？还缺什么（量）？人们习惯将其称为“制造业的通用方程式”：

（生产什么→用到什么） - 已有什么 = 还缺什么

(3) MRP Ⅱ

1977 年 9 月，美国著名的生产管理专家奥列弗·怀特（Oliver W. Wight）在美国《现代物料搬运》（*Modern Materials Handling*）月刊上首先倡议给同资金信息集成的 MRP 系统一个新的称号——制造资源计划。为了表明它是 MRP 的延续和发展，用了同样以 M、R、P 为首的三个英文名词，为了同物料需求计划相区别，在 MRP 后缀罗马数字“II”，可以说是第二代 MRP。

MRP Ⅱ 同闭环 MRP 除了实现物流同资金流的信息集成外，还有一个区别就是增加了模拟功能。MRP Ⅱ 不是一个自动优化系统，管理中出现的问题千变万化，很难建立固定的数学模型，不能像控制生产流程那样实现自动控制。但是，MRP Ⅱ 系统可以通过模拟功能，在情况变动时，对产品结构、计划、工艺、成本等进行不同方式的人工调整，进行模拟，预见到“如果怎样—将会怎样（what—if）”，得出多个模拟方案。通过多方案比较，用具体数字说话，寻求比较合理的方案。

（4）ERP

1990年4月12日，由Gartner Group公司发表了以*ERP：A Vision of the Next－Generation MRP Ⅱ*为题，由L. Wylie署名的研究报告，首次提出ERP概念。提出的背景是全球化经济和竞争的出现、企业集团多元化经营、计算机和网络通信技术的迅猛发展。

ERP是MRPⅡ的下一代，它的内涵主要是“打破企业的四壁，把信息集成的范围扩大到企业的上下游，管理整个供需链，实现供需链制造”。

ERP具有以下特点：①提出ERP要适应离散、流程和分销、配送等不同生产条件；②采用图解方法处理和分析各种经营生产问题，面向供需链管理；③面向流程的信息集成；④采用最新计算机及网络通信技术；⑤支持企业业务流程重组。

（5）ERPⅡ

2000年10月4日Gartner公司发布了以亚太地区副总裁、分析家B. Bond等6人署名的报告：*ERP is Dead－Long Live ERP Ⅱ*，提出ERPⅡ的概念。由于最初的ERP已经因为“软件易名”的原因模糊了同MRPⅡ的界限，被人们理解为面向企业内部的信息集成，于是提出一个ERPⅡ来实现最初ERP的“远景设想”。ERPⅡ与ERP比较如表12－1所示。

表12－1 ERP与ERPⅡ比较

	ERP	ERPⅡ
角色	企业优化	价值链，协同商务
领域	制造、分销	所有领域
功能	制造、销售、分销、财务	跨行业及特殊行业
处理	内部信息	外部信息
平台	封闭，关注Web	基于Web，开放，组件技术
数据	内部集成和使用	内部及外部，公开及共享

（资料来源：B. Bond等，“*ERP is Dead－Long Live ERPII*”，Gartner Research Note，4 Oct，2000）

3. EMIS 的特点

(1) 需求的多样性

没有一种系统可以满足企业的所有需求。企业管理的不同层次对 MIS 的需求也不同，企业高层（决策层）需要的是决策支持系统，企业中下层（控制层）需要的是知识工作系统（信息传递、查询），企业基层需要的是业务处理系统。针对这种需求的多样性，企业要处理好 MIS 丰富性和重复性的矛盾，合理规划企业的 MIS，减少不必要的投入，明确 MIS 的分层，处理好各种不同类型的 MIS 之间的接口。

(2) 结构的层次性

大型 EMIS 就像大型企业本身一样是分层次的。首先，大型企业集团往往是由许多子公司（事业部）组成的。在子公司内部，各种管理信息、系统是分层次的，即由决策支持系统、知识工作系统、业务处理系统组成一个金字塔形层次结构。但在集团与子公司之间，它们的 MIS 又构成了另一种金字塔形层次结构。在这种情况下，就构成了系统的统一性与独特性之间的矛盾。大型企业应当制定面向全集团的信息系统和信息技术标准，通过开放性的、统一的标准，来解决系统的统一性与独特性之间的矛盾。

(3) 技术的复杂性

大型 EMIS 建设所涉及的技术具有复杂性。从硬件的角度看，根据不同层次的应用，可能用到不同档次的计算机、网络通信设备、输入/输出设备等。从软件的角度看，从 DB 到 OS，从汇编语言到高级编程语言等，在大型 EMIS 建设中所需用到的软件种类繁多。因此，需要考虑企业的实际情况和厂商的技术水平。

(4) 推进的艰巨性

任何企业只要有信息，就有 MIS 存在。MIS 是利用信息进行管理的系统，不仅要考虑技术问题，而且还要考虑组织问题和人的行为问题，对企业来说确实是一场革命。对基层的影响是工作方式的改变，是效率的提高和人员的减少；对中层的影响是引起组织结构和权利结构的改变以及职业的转移；对高层来说，可能引起管理幅度的扩大和决策方式的改变。所以，推行 MIS 存在很大的艰巨性。

4. EMIS 的意义

进入 21 世纪，信息资源成为经济和社会发展的决定性因素，生产知识和开发利用信息资源成为时代的特征。因此，MIS 显得尤为重要。它能实现利用历史数据预测未来，从全局出发辅助管理决策，利用信息控制企业行为，帮助实现其规划目标。

在激烈的市场竞争中，企业要想立于不败之地，就必须加强企业 MIS 建设，使企业及时掌握市场行情，及时发现和解决生产和销售过程中出现的各种问题，促进企业管理基础工作的规范化和管理的整体优化；进一步强化企业生产经营指挥系统，实现人、财、物、产、供、销的一体化管理，提高企业的工作效率和决策的科学化程度，为企业创造更大的经济效益。

二、EMIS 的相关技术

1. 多媒体技术

多媒体技术（Multimedia Technology，MT）是利用计算机对文本、图形、图像、声音、视频等多种信息综合处理、建立逻辑关系和人机交互作用的技术。在工业生产实时监控系统中，在生产现场设备故障诊断和生产过程参数检测，特别是在一些责任重大的危险环境中，MT 发挥的作用越来越大。

2. 网络通信技术

网络通信技术是通信技术与计算机技术相结合的产物，具有共享硬件、软件和数据资源的功能，具有对共享数据资源集中处理及管理和维护的能力。网络通信技术在 EMIS 中起着重要作用。

3. 数据库技术

详见本书第七章。

三、EMIS 发展现状

国内开发的 MRPⅡ商品软件，首先推出的是机械工业部北京自动化研究所软件中心（利玛信息技术公司的前身）开发的 CAPMS 软件包。北京开思、上海启明等软件公司都相继推出商品化软件。这些第一批国产 MRPⅡ软件基本上是在消化了某个国外 MRPⅡ软件的基础上，结合国内的需求特点进行开发的，有较高的起点，软件产品都能体现 MRPⅡ的基本原理。之后，以开发或代理 MRP 起家的有北京的和佳软件等。从院校或研究单位扩展起来的有天津企业之星、南京的金思维、西安博通等。还有数不清的 ERP 软件公司陆续脱颖而出，或面向某个行业，或面向某项业务（如分销）。一些原来从事财务软件的软件公司，如用友、金蝶等也从电算化会计向 ERP 系统转型。

四、ERP 发展趋势

（1）ERP 与电子商务、供应链 SCM、协同商务、协同作业管理等的进一步整合

ERP将面向协同商务（Collaborative Commerce，CC），支持企业与贸易共同体的业务伙伴、客户之间的协作，支持数字化的业务交互过程；ERP供应链管理功能将进一步加强，并通过电子商务进行企业供需协作，且使企业在协同商务中做到过程优化、计划准确及管理协调。

（2）ERP与制造执行系统（Manufacturing Executive System，MES）的整合

为了加强ERP对于生产过程的控制能力，ERP将与MES、车间层操作控制系统（Shop Floor Control，SFC）更紧密地结合，形成实时化的ERP/MES/SFC系统。该趋势在流程工业企业的管控一体化系统中体现得最为明显。

（3）ERP将逐步向应用网络化和云计算发展

协同商务要求企业在Internet基础上建立自己的MIS，而使用Web客户机具有费用低廉、安装和维护方便、跨平台运行、统一友好的用户界面等优点。

（4）ERPⅡ最终将取代ERP成为主流

企业信息化的发展遵循PDCA（Plan Do Check Action）的模式，不仅要看到自己内部的流程，也要关注整个商业环境的合作伙伴。信息化不再是自己关起门来说和做的事，因为下一个电子商务时代是协同商务ERPⅡ的时代，ERPⅡ将逐步代替ERP系统成为企业内部和企业之间业务流程管理的首选。

应用软件的快速发展具有极大的现实意义，其对于生产力发展的贡献足以与18世纪第一次工业革命相媲美。应用软件的未来必定会有更大的发展前景和市场潜力。

五、知识卡片（十二）张效祥

张效祥（1918.06.26— ），中国计算机专家，中国科学院院士，历任中国人民解放军总参谋部有关研究所工程师、副所长、所长、研究员，中国计算机学会理事长等职。是中国第一台仿苏电子计算机制造的主持人，中国自行设计的电子管、晶体管和大规模集成电路各代大型计算机研制的组织者和直接参与者，在中国计算机事业的开拓和发展中起了重要作用。张效祥院士是中国计算机事业创始人之一。20世纪50年代末领导了中国第一台大型通用电子计算机的仿制。在此后的35年中，他先后组织领导并亲自参加了我国自行设计的从电子管、晶体管到大规模集成电路各代大型计算机的研制，为中国计算机事业的创建、开拓和发展做出了杰出的贡献。荣获中国计算机协会授予的2010年首届CCF终生成就奖。

第四篇

引领未来——热点与关键技术

近年来，以移动互联网络、物联网络、云计算以及大数据为代表的新技术大量涌现，推动了软件技术与信息技术（Internet Technology，IT）的发展。这四大热点技术，被人们形象地称为“大云移物”。在信息技术发展史上的历次技术变革中，中国始终是学习者，而在这次新技术变革中，中国与世界的差距最小，在很多领域甚至还有创新与领先的可能，本篇将重点介绍相关的热点与关键技术。

第十三章　移动互联网

移动互联网（Mobile Internet，MI）是移动通信和互联网融合的产物，继承了移动通信随时随地随身和互联网分享、开放、互动的优势，是整合二者优势的“升级版本”，即运营商提供无线接入、互联网企业提供各种成熟的应用。移动互联网被称为下一代互联网 Web3.0。移动通信已成为全球发展最快、市场潜力最大、前景最诱人的业务之一。

一、移动互联网概述

1．移动互联网的定义

（1）艾瑞咨询（iResearch）的定义

移动互联网从技术层面定义，是指以宽带 IP（Internet Protocol，互联网协议）为技术核心，可同时提供语音、数据以及多媒体等业务服务的开放式基础电信网络。

（2）WAP 论坛的定义

移动互联网是用户能够采用手机、掌上电脑（Personal Digital Assistant，PDA）、平板电脑（Pad）或其他手持终端通过各种无线网络进行的数据交换。

（3）工业和信息化部电信研究院的定义

移动互联网是以移动通信网作为接入网络的互联网及服务。

（4）百度百科的定义

移动互联网，就是指互联网的技术、平台、商业模式以及应用与移动通信技术结合并实践的活动总称，包括移动终端、移动网络和应用服务三个要素。

（5）笔者归纳的定义

移动互联网是为用户提供随时随地随身数据接入的泛在互联网。

2. 移动互联网的发展历程

（1）移动互联网早期回顾

早期的移动互联网目标是仿照互联网在移动网内建立一个移动互联网生态环境，使移动用户可以通过手机得到计算机用户在互联网上的信息浏览体验，在 WAP（Wireless Application Protocol，无线应用协议）业务开展的初期，更多的障碍来自于移动网络数据速率的低下和内容的匮乏——与互联网上的海量信息相比，需要 WML 格式的专有 WAP 网站寥寥无几，昂贵的信息资费和不尽如人意的用户体验使其在很长一段时间内未能发展起来。构成移动互联网要素的新一代智能终端、创新的业务模式、日益成熟的 3G 网络、用户对信息获取日益高涨的需求在同一刻爆发了，iPhone 无疑成了移动互联网的英雄，iPhone 成为连接起移动网和互联网的重要桥梁——真正的移动互联网诞生了。

（2）移动互联网的发展历程

移动互联网的发展始于 1999 年 2 月，NTT DoCoMo 开始的「i－mode」服务。当时，世界上都使用基于独自的 WAP 形式尝试面向移动终端的移动互联网服务。中国的移动互联网的发展经过了以下三次“浪潮”：①中国移动运营商于 1999 年引入了日本的分成模式；②从 2004 年开始，中国移动互联网进入飞速发展时期；③2009 年，最重大的变化是运营商获得了 3G 牌照。移动互联网的主要发展历程如表 13－1 所示。

表 13－1 移动互联网发展历程

阶段	年份	主要特点	应用
雏形	2000 年	运营商控制了用户、用户界面、信息内容、支付等各类产业链要素，移动梦网是市场初期的产物，是一个封闭的系统	主要以信息浏览和搜索为主
起步	2001—2006 年	越来越多独立的 SP（Service Provider）开始出现，移动增值市场用户数及收入开始提升	主要以信息浏览和搜索为主
发展	2007—2009 年	越来越多的硬件、互联网和运营商开始关注移动互联网业务，移动互联网关键产业链节点出现激烈的竞争局面	手机音乐（电视、阅读、动漫、游戏）等逐渐普及
展开	2010 年—	通信运营商应用体系布局已经成型，互联网厂商、硬件厂商开始快速介入移动互联网产业	全面涵盖了基础工具、娱乐、商务等方面

（资料来源：公开资料整理）

（3）中国移动互联网大会

中国移动互联网大会主题如表 13－2 所示。

表 13－2 中国移动互联网大会主题

时间	大会主题	分会场主题
2012 年 7 月	移动网络承载文化梦想	技术力量之应用创新、文化力量之游戏动漫、产业力量之移动阅读
2013 年 11 月	移动放飞中国梦	技术力量之应用创新、文化力量之游戏动漫、产业力量之移动阅读

（资料来源：公开资料整理）

（4）全球移动互联网大会

全球移动互联网大会主题及分会场主题如表 13－3 所示。

表 13－3 全球移动互联网大会主题

时间	大会主题	分会场主题
2009 年 4 月	移动互联网的中国机会	中国论坛、日本论坛 Social Networking Service、韩国论坛、手机软件、移动广告、日本移动创新、移动娱乐和游戏、移动风险投资
2010 年 5 月	移动互联网的亚洲机遇	移动软件商店/平台、移动游戏实录、移动社区/SNS
2011 年 4 月	新机遇、新挑战、新领域	为 3 亿移动互联网网民服务、移动互联网的“钱途”、移动电子商务、社交本地化和移动、移动浏览未来
2012 年 5 月	跨界、融合、变革	移动互联网新商业文明及社会影响力、全球化推广、移动互联网变现之道、创新与未来
2013 年 5 月	重新定义移动互联网	“我”的移动互联 游戏 + 云 + 端 移动价值 生态系统 & 全球化
2014 年 5 月	联接改变世界——下一个 50 亿	G－Startup 创新大赛、MMS 移动营销峰会、GGS 游戏峰会、MoBiz 移动价值峰会、MIFS 移动金融峰会、WDS 智能软硬件、GoingGlobal 全球化

（资料来源：公开资料整理）

3. 移动互联网的典型特征

移动互联网是一种基于用户身份认证、环境感知、终端智能、无线泛在的互联网应用业务集成，具有许多新特性。

（1）交互性

用户可以随时使用移动终端，在移动状态下接入和使用移动互联网应用服务，实现不同体系的移动终端设备之间、移动终端设备与 PC 之间以及人和移动终端设备之间的交互。

（2）便携性

相对于 PC，由于移动终端具有小巧轻便、可随身携带的特点，用户可以在任意场合接入网络。

（3）隐私性

移动终端设备的隐私性远高于 PC 机。

（4）定位性

移动互联网有别于传统互联网的典型应用是位置服务应用，如位置签到、位置分享、基于位置的社交应用和用户感知等。

（5）娱乐性

移动互联网上的图片分享、视频播放、音乐欣赏、电子邮件等为用户的工作、生活带来更多的便利和乐趣。

（6）局限性

移动互联网应用服务在编辑的同时，也受到了来自网络能力和终端硬件能力的限制。在网络能力方面，受到无线网络传输环境、技术能力等因素限制；在终端硬件能力方面，受到终端大小、处理能力以及电池容量等限制。

（7）强关联性

由于移动互联网业务受到了网络及终端能力的限制，因此，其业务内容和形式也需要匹配特定的网络技术规格和终端类型，具有强关联性。

（8）身份统一性

移动互联网用户自然身份、社会身份、交易身份、支付身份通过移动互联网得以统一。

（9）技术开放性

开放是移动互联网的本质特征。移动互联网是基于 IT 和通信技术之上的应用网络，业务开发模式借鉴 SOA（Service – Oriented Architecture，面向服务的体系结构）和 Web2.0 模式，将原有封闭的电信业务能力开放出来，并结合到 Web 方式的应用业务层面，通过简单的 API（Application Program Interface，应用程序接口），提供集成的开发工具。

（10）业务融合化

用户的需求越来越多样化、个性化，单一的网络无法满足用户需求，技术的开放为业务的融合提供了可能性以及更多的渠道，融合的技术正在将多个原本分离的业务能力整合起来，使业务由以前的垂直结构向水平结构方向发展，创造出更多的新生事物，如富媒体服务等。

（11）终端的集成性、融合性和智能化

终端智能化由芯片技术的发展和制造工艺的改进所驱动，两者的发展使得个人终端具备了强大的业务处理和智能外设功能，Windows CE、Symbian 和 Android 等终端智能 OS 使得移动终端除了具备基本的通话功能外，还具备了互联网的接入功能，为软件运行和内容服务提供了广阔的舞台，很多增值业务可以方便地运行，实现“随时随地为每个人提供信息”。

（12）网络异构化

移动互联网的网络支撑基础包括各种宽带互联网络和电信网络，不同网络的组织架构和管理方式千差万别，但都有一个共同的基础：IP 传输。通过聚合的业务能力提取，可以屏蔽这些网络的不同特性，实现网络异构化上层业务的接入无关性。

（13）个性化

由于移动终端的个性化特点，加之移动通信网络和互联网所具备的一系列个性化能力（如定位、业务个性化定制和 Web2.0 技术等），使移动互联网成为个性化越来越强的个人互联网。

4．移动互联网的商业模式及产业链

（1）商业模式

①APP（Application，移动设备第三方应用程序）模式。典型应用类型包括手机游戏等付费下载 APP、免费 APP 中的付费模块（Free + Premium）及内容等 B2C（Business To Customer，企业对消费者）交易商业模式。

②行业定制模式。典型的有授权 OS、授权企业级应用、本地版手机导航、移动办公应用等 B2B（Business - to - Business，企业对企业）交易商业模式。

③电商模式。典型的有移动电商零售、手机团购、手机生活服务等 B2C 交

易商业模式。

④广告模式。典型的有移动社交应用、手机浏览器等免费 APP 中的商家付费广告模式。

⑤个性化模式。用户付费形式多种多样，能根据时间、空间等轴线来实现用户场景化的一站式服务，向高度个性化定制趋势发展。

（2）移动互联网的产业链

移动互联网的产业链由终端制造商、平台运营商、网络运营商、内容提供商以及服务提供商等构成，他们共同服务于用户。产业链如图 13－1 所示。

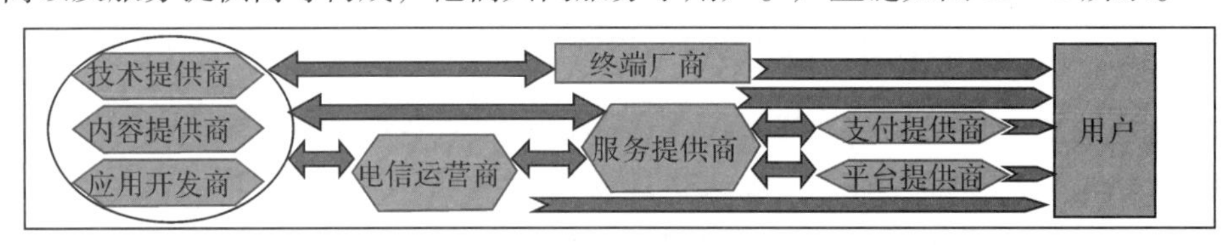

图 13－1 移动互联网的产业链

二、移动互联网相关技术

1. 移动互联网的架构

移动互联网的整体架构如图 13－2 所示。

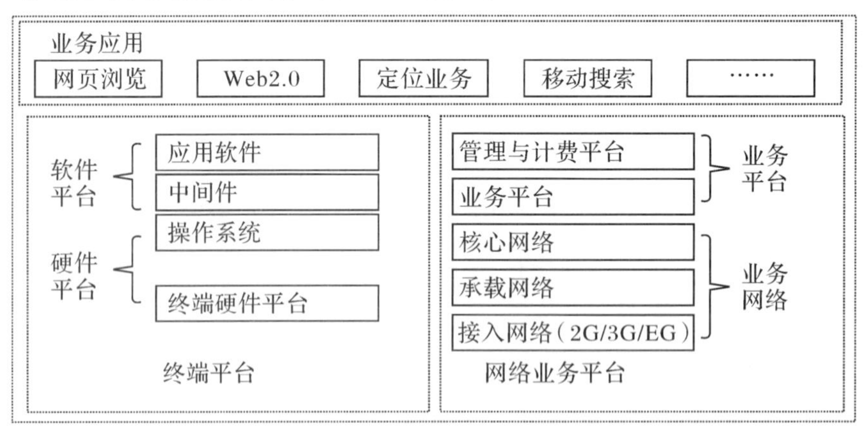

（资料来源：《移动互联网》）

图 13－2 移动互联网整体架构

2. 移动互联网的技术基础

（1）移动互联网通信技术

移动互联网通信技术包括通信标准和通信协议、移动互联网通信技术和终端远距离无线通信技术。移动互联网通信技术可划分为以下五代：

第一代移动通信（1G，20 世纪 80—90 年代初），是基于模拟传输的，其特点是业务量小、质量差、安全性差、没有加密和速度低。

第二代移动通信（2G，20 世纪 90 年代初），主要包括 CMAEL（客户化应用移动网络增强逻辑），SO（支持最佳路由）、立即计费，GSM 900/1800 双频段工作等内容，也包含了增强型话音编码技术，使得话音质量得到了质的改善。

第三代移动通信（3G，2001），最基本的特征是智能信号处理技术。智能信号处理单元将成为基本功能模块，支持话音和多媒体数据通信。它可以提供前两代产品不能提供的各种宽带信息业务。

第四代移动通信（4G，2013），是集 3G 与 WLAN 于一体并能够传输高质量视频图像的技术产品，其图像传输质量与高清晰度与电视不相上下。4G 系统能够以 100Mbps 的速度下载，比拨号上网快 2000 倍，并能够满足近乎所有无线服务的要求。

第五代移动通信（5G，未来），5G 网络作为下一代移动通信网络，其最高理论传输速度可达每秒数十 Gb，比现行 4G 网络的传输速度快数百倍。

（2）移动互联网终端技术

移动互联网终端技术包括硬件设计和智能 OS 的开发技术。无论是智能手机还是平板电脑，都需要移动 OS 的支持。智能手机 OS 主要有以下 6 种：

①苹果 iOS 系统，它的 iPhone 使用户体验达到了极佳的水平，赢得了全球手机用户的青睐。

②Android OS，基于 Android（Google 开发的手机 OS）的开发应用程序的体验达到了较高的水准。

③Symbian OS。

④Windows Mobile（Pocket、Smartphone、Windows phone）。

⑤Linux 系列 OS。

⑥Palm OS、黑莓系统。

iPhone 与 Google 手机各自的 OS 恰恰代表了当前移动互联网终端发展的趋势和方向。

（3）移动互联网应用技术

①网络新技术的应用。随着移动互联网的发展，许多网络新技术也应用其中，如页面内容处理（HTML5、FLASH、GIF 动画技术、Web3D 技术、Widget、Mashup)、SaaS(软件即服务)及云计算等。

②移动浏览器。浏览器是指可以显示服务器或文件系统的 HTML 文件内容，并允许用户与这些软件进行交互的软件。常见的网页浏览器有 Internet Explorer(微软)、Opera、Firefox(Mozilla)、Maxthon、360 及百度等。

③移动浏览器前端解析技术主要有 V8、SpiderMonkey、Rhino、Webkit 等引擎。

④移动浏览器后端引擎技术是指移动浏览器图形界面的排版引擎，主流的浏览器后端引擎技术分为五类，包括 Trident、Gecko、Webkit、Presto 以及KHTML。

3. 移动互联网的安全

(1)移动互联网的网络安全

移动通信与互联网的融合完全打破了其相对平衡的网络安全环境，大大削弱了通信网原有的安全特性。融合后的互联网增加了无线空口接入，同时将大量移动电信设备引入了 IP 承载网，从而产生了新的安全威胁。另外，移动互联网中 IP 化的电信设备、信令和协议，存在各种可以被利用的软硬件漏洞。针对以上安全问题，可采用端到端的加密方式，在应用平台与移动终端之间的网络连接中一直采用 AES256 或 3DES 等加密算法，确保以无线方式传输信息的保密性和完整性。

(2)移动终端的安全

移动终端面临的安全威胁既有移动通信技术固有的问题(无线干扰、SIM 卡克隆、机卡接口窃密等)，也有由于移动终端智能化带来的新型安全威胁(包括病毒、漏洞、恶意攻击等)。移动终端未来的安全问题将会比 PC 机更复杂。针对终端数据保护，可通过手机锁定、输入密码等方式对用户身份进行认证；针对手机病毒、垃圾邮件、恶意代码攻击等，可通过在移动终端上安装杀毒软件、防火墙等防护软件，遏制手机病毒和垃圾邮件的泛滥等。

(3)移动业务应用的安全

移动业务带有明显的个性化特征，且拥有如用户位置、交易密码等用户隐私信息，因此这类业务应用一般都具有很强的信息安全敏感度。移动业务应用面临的安全威胁将会具有更新的攻击目的、更多样化的攻击方式和更大的攻击规模。

移动互联网应用平台由于软硬件存在漏洞，极易受到来自网络方面的攻击。可采用严格的用户鉴别和管理机制，防护非法用户对应用平台系统的侵入和攻击，同时通过设置防火墙对应用平台进行保护。

4．移动互联网的应用业务

（1）电子阅读

利用移动智能终端阅读小说、电子书、报纸以及期刊等，与传统阅读方式显著不同。

（2）手机游戏

手机游戏可分为在线移动游戏和非网络在线移动游戏，是目前移动互联网最热门的应用之一。

（3）移动视听

利用移动终端在线观看视频、收听音乐及广播等影音应用。如今移动视听将多媒体设备和移动通信设备融合起来，互动性、个性化服务、随时随地将成为其优势。

（4）移动搜索

以移动设备为终端，对传统互联网进行搜索，从而高速、准确地获取信息资源，是移动互联网未来的发展趋势。

（5）移动社区

是以移动终端为载体的社交网络服务，是终端、网络加社交的综合。通过网络这一载体把人们连接起来，从而形成具有某一特点的团体。Facebook、开心网、新浪微博以及腾讯微博等是广为流行的网络社区。

（6）移动商务

是通过移动通信网络进行数据传输，并且利用移动信息终端参与各种商业经营活动的一种新型电子商务模式，它是新的电子商务形态。

（7）移动支付

是允许用户使用移动终端（通常是手机）对所消费的商品或服务进行账务支付的一种服务方式（分近程支付和远程支付两种），是商业模式和商业价值的创新。

三、移动互联网发展现状

1．全球移动互联网发展现状

（1）总体发展

在全球移动互联网领域，美国领衔第一梯队，中日韩位列第二梯队，且各具优势，中国在整体产业的布局深度和广度上领先日韩。亨利—布洛格特(Henry Blodget) 在《移动互联网的未来》报告中指出，互联网流量消费中已有超过1/5 的流量来自移动端，PC 流量占比不断下滑，移动媒体是目前消费时长唯一保持增长的媒介。全球可连接互联网设备出货量中，智能手机比例快速增长，2013 年智能手机出货量接近 10 亿部。

(2) 移动平台之战

全球约 80% 的智能手机、60% 的平板电脑都采用 Android OS。Android 吸引的开发者比例超过了 iOS，而且系统碎片化问题大有改善。不同厂商智能手机出货量如图 13 –3 所示。

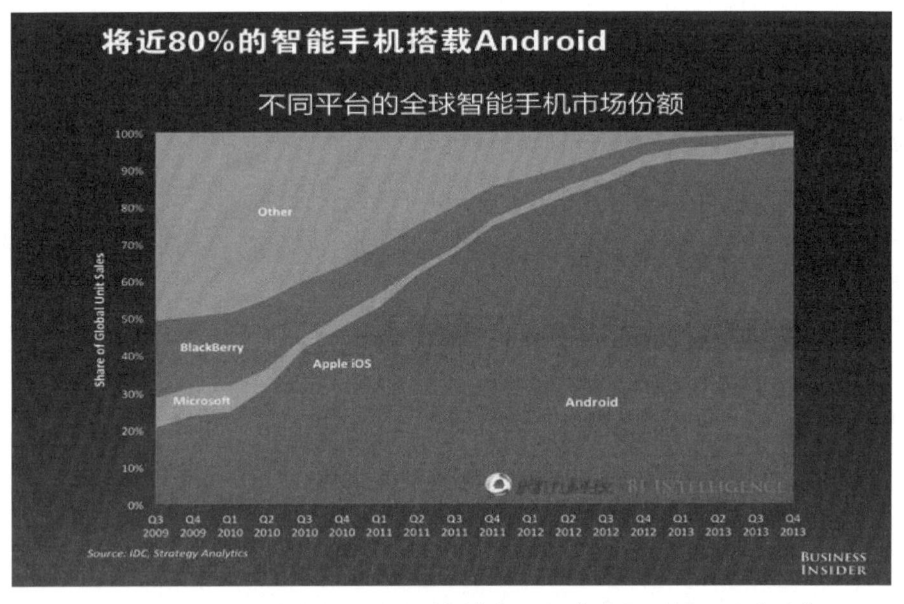

(资料来源：《移动互联网的未来》，下同)

图 13 –3 不同厂商智能手机出货量

(3) 移动通信应用

通信应用、电商应用、移动支付都呈现迅猛发展的势头。WhatsApp、微信及 Line 等移动通信应用拥有陡峭的活跃用户增长曲线。移动互联网为新的通信应用带来了增长动力。目前，WhatsApp 的活跃用户超过 4. 5 亿，日新增用户超过了 100 万。

(4) 智能手机的增长机会在中国和印度

美国智能手机渗透率已经达到 65%，市场接近成熟。2014 年智能手机销售量的拉动力量将来自于发展中国家，尤其是中国和印度两个人口大国。中国的互联网用户规模已是美国的两倍，中国的应用下载量仅次于美国位居第二。

（5）移动端是消费时间唯一增长的媒介

电视、广播、印刷媒体都在下滑，而移动媒体的消费时间是唯一增长的媒介形态，从2012年的12%增长到了20%。

（6）世界进入“多屏”市场

虽然移动端吸引了用户的注意力，但移动广告的支出占比仍然落后于时间消费占比。移动广告的价格也还偏低，在移动广告市场中，付费搜索广告仍占主导地位，然后是展示广告、信息广告。

2. 中国移动互联网发展现状

（1）总体情况

2013年是移动互联网格局迅速变化的一年，中国移动互联网的发展既快速稳健又有突破和创新，用户规模、智能终端销量、移动应用数量的增长都达到了新的量级，移动网络和可穿戴设备等方面的发展有了长足的进步和突破性的跨越，市场规模急速扩大。

（2）中国移动互联网产业位列全球第二梯队

《中国移动互联网发展报告（2014）》指出，在全球，中国的移动互联产业地位有了显著的提升，已进入第二梯队。

（3）面临转型关键期

已经形成具有特色的移动互联网产业发展模式，在全球移动互联网生态中的地位显著提升，但面临挑战，产业处于转型升级的关键期。

（4）进入全民移动时代

截至2014年8月，中国移动互联网用户总数达8.38亿户，在移动电话用户中的渗透率达67.8%；手机网民规模达5亿，占总网民数的80%以上，手机保持第一大上网终端地位，我国移动互联网发展进入了全民时代。

（5）3G用户规模

截至2013年年底，中国3G用户规模达4.17亿户，三大运营商的3G用户规模均过亿，中国移动增速最快。用户规模增长和分布情况如图13-4所示。

（资料来源：《中国移动互联网行业年度研究报告2014》）

图13－4 2013年中国3G用户规模增长和分布情况

（6）智能手机出货量

2013年中国智能手机市场依然保持增速发展，但增速有所放缓，2013年中国智能手机出货量为3.18亿台，预计未来几年规模增速将逐渐放缓，保持平稳发展态势。

（7）市场规模

2013年中国移动互联网市场规模为1060.3亿元，同比增长81.2%，预计到2017年，市场规模将接近5000亿元。

（8）移动购物市场交易规模可观

2013年我国移动购物市场交易规模达1676.4亿元，在移动互联网行业规模占比最高。

（9）新型移动支付发展迅猛

基于移动互联网的新型移动支付发展迅猛。2013年移动支付市场交易规模突破1.3万亿元，同比增长8倍多，远超个人电脑支付增长率。

（10）移动互联网金融进入规模化

移动互联网金融已经从过去的小规模、零散型，开始进入规模化、与传统线下金融服务互补、融合发展的新阶段。截至2014年2月，余额宝开户数已经突破8100万人，规模突破4000亿元。

（11）在线旅游中移动端的竞争

在线旅游方面，移动端的竞争开始发力。截至2013年10月，携程移动端酒店预订占比的峰值超过40%，艺龙来自移动端的业务贡献率超过25%。未来，旅游业将成为绕开个人电脑、真正实现移动化的行业。

(12) 随时随地革新社交方式

移动端人均单日使用时长1.65小时，从“人随网走”到“网随人动”，移动互联网在突破时空限制上为社交带来了质的飞跃，开启了“移动社交”时代。

(13) 移动营销市场潜力巨大

2013年，中国移动营销市场规模为155.2亿元，同比增长105.0%，预计未来4年仍将保持高速增长。移动营销市场规模包括移动搜索广告、视频广告、网页广告以及互动营销等多种形式。

(14) 移动搜索市场规模不断扩张

2013年，中国移动搜索市场规模为45.5亿元，同比增速高达264.1%，未来几年将是移动搜索市场规模增长高峰期，预计到2017年市场规模将达到756.8亿元。

(15) 移动游戏市场

2013年，中国移动游戏市场规模为148.5亿元，同比增长69.3%，市场规模迅速扩大，预计在2014年将达到236.4亿元的规模。

(16) 移动增值市场保持稳定增长

2013年，移动增值市场规模为344.1亿元，同比增长18.1%，随着移动互联网整体规模的扩张，移动增值市场将保持平稳增长态势。

3. 中国移动互联网特质亮点

(1) 网随人动

有线互联网是人随网动，而移动互联网是网随人动，人到哪里，网络就到哪里。

(2) 产业升级催生全新产业形态

移动游戏市场同比增长两倍多，手机端视频用户数达2.47亿。移动互联网使网络、智能终端、数字技术等新技术得到整合，建立了新的产业生态链，催生全新文化产业形态。阅读、游戏、音乐等文化产业进行融合创新。

(3) 移动互联网革新了文化产品的生产方式

以文学作品的创作为例，现在很多网络小说是作者写一段、发一段，网民读一段、评一段，实际上，受众参与和影响了整个创作过程。

(4) 移动互联网改变了文化消费方式

截至2013年12月，我国手机端在线收看或下载视频用户数达2.47亿，年增长率高达83.8%。移动互联网正在使人们从电视台的播放时段，从影院、个人电脑中解放出来。

（5）移动应用渗透衣食住行及传统行业

移动应用数量达百万量级规模，传统行业纷纷与移动互联网“联姻”，从报刊、网站、医院、银行，到读书、教育、娱乐、购物，几乎各行各业都在涉足移动客户端。

（6）移动互联网之争逐渐深入内容层面

2013年，中国移动互联网发展相对成熟，产生了一大批拥有海量用户的应用。移动互联网领域的竞争已经不再停留在终端、系统层面，应用层的入口和内容层的所谓“超级APP”，以及诸多细分领域都成为众多企业竞争的重点。

（7）移动即时通信应用成为巨头必争之地

2013年8月，微信5.0上线，腾讯正式开始探索微信商业化，各个领域的商业化措施稳步推进，即时通信市场成为行业新宠。

（8）手机打车市场背后的新型商业模式之争

目前手机打车市场仍处于市场拓展阶段，主要依靠补贴来吸引用户；打车应用也应当寻求自身的商业模式。

（9）移动支付领域大战

线上线下支付共同发力。微信支付和支付宝通过各种手段进行市场拓展，抢夺用户资源。

（10）PC端服务增速缓慢，移动端服务增速较快

PC端服务已经成熟趋近饱和，PC网页全年日均覆盖人数降低了5.5%；而移动端各项服务增速较快，移动网页全年增长15.8%且受到节假日等季节因素影响很小。

4. 值得关注的问题

（1）移动安全与行业监管

用户信息泄露、二维码扫描陷阱、移动快捷支付诈骗、移动应用恶性竞争等不良现象时有发生。在全民移动互联时代，移动安全和行业监管不容忽视。

（2）被“定位”

未来的移动互联网络将像空气、水、食物一样成为生活之必需。人的感官被无限延伸，知识的获取变得轻而易举，创造性得到提升。但是，人也将始终处在被“定位”中，个人隐私难保。

四、移动互联网发展趋势与应用前景

1. 全球移动互联网发展趋势

（1）纵向整合与横向融合交相辉映

全球移动互联网产业巨头持续推进基于 OS 的纵向一体化整合，以进一步放大产业生态整体优势。与此对应，众多企业积极探索横向融合拓展，移动互联网技术产业要素正面向信息通信乃至传统产业领域全面加速渗透。以 OS 为战略基点，开展产业链纵向整合仍是当前产业竞争的核心主线。

（2）产业水平化探索进入新阶段

虽然产业巨头以手机 OS 为核心通过生态系统竞争，占据了产业主导地位，但随着互联网、终端制造等相关产业参与者的相继进入，水平化探索的效果开始显现，目前已出现三种主要的水平化发展路径：一是以 Facebook、Firefox 为代表，试图通过 HTML5 等新型 Web 技术，在 OS 及软件平台层面实现产业水平化演进；二是以腾讯、新浪为代表，通过打造超级 APP 的新型业务模式，推动产业水平化演进；三是以模块化手机（中兴、MOTO）为代表，尝试通过统一移动终端硬件组件标准，探索产业水平化发展新途径。

（3）移动芯片成为集成电路乃至整个业界焦点

移动芯片主导集成电路市场增长，重塑集成电路产业格局。移动芯片仍在加速向更多领域渗透，影响未来格局。移动芯片的应用向服务器等领域扩展，移动芯片与开源硬件等的融合更为其在物联网的创新应用孕育更多可能，对整个集成电路产业的影响也更为深远。

（4）开启新一轮计算革命

基于智能硬件的新型智能终端设备，融合丰富感知能力并以可穿戴等新型应用模式融入人类生活当中，正在开启一个全新的计算时代。与目前智能手机和平板电脑基本形态和技术架构相对固定不同，可穿戴设备的产品形态、功能定位和交互界面皆为重新定义，这是当前国际巨头争相创新的焦点。

（5）与物联网深度融合

终端计算革命加速推进移动互联网与物联网的深度融合。例如，在医疗领域，创新多以监控预防为目的，重在提升用户生活质量，推动医疗行业发展理念变革。在智能家居领域，家庭网关技术作为创新的基本元素，实现远程控制现有家居设备等。

2. 我国移动互联网发展趋势

(1) 开源背景下我国核心技术的发展趋势

移动互联网带动的、从端到云甚至到硬件（开源硬件）的主流技术开源化浪潮，对我国自主创新意义重大。移动智能终端 OS 的开源和移动芯片内核及架构的开放式授权，对我国部分核心技术特别是 OS 和芯片技术的发展路径产生实质影响，融入主流技术生态的自主创新仍面临巨大挑战。

(2) 我国自主移动互联网应用生态的创建

我国移动互联网应用服务迅速形成巨大规模，联网企业发挥原有优势，在我国移动互联网的近乎所有主要领域都占据了主导地位，构建了本土的移动互联网应用体系，我国企业已成为应用服务发展的主要推动力。领军互联网企业通过自我颠覆式创新、Web 平台、依托自身传统优势等各种路径，搭建移动互联网新型应用生态。

(3) 以移动芯片为契机推动集成电路产业创新升级

我国已初步实现从“无芯”到“有芯”的跨越，技术和市场实现双突破，为继续从“有芯”到“强芯”的升级奠定了良好基础。借助国内市场的有力带动和对全球开放性技术成果的借鉴，并依托国家对 TD－SCDMA 及集成电路的大力支持，国内企业在移动芯片领域已实现市场应用的重大突破，并有望在近 3 年实现快速崛起。

(4) 智能终端创新发展

我国智能终端市场趋于平稳，产品性能持续提升，产业协同创新提速。智能手机、可穿戴设备等现有智能终端同质化现象突出，硬件创新进入调整期，移动互联网迎来新的发展机遇。

(5) 移动互联网媒体快速发展

由于移动智能终端产品的普及，2014 年是移动互联网媒体快速发展的一年。各大移动新闻客户端进行资源整合，与微博、微信、社交网站、视频等全面打通，进而实现差异化竞争。

(6) 传统媒体加速转型

2014 年，传统媒体调整发展步伐向新媒体正式转型。近几年，新媒体的整体优势再次凸显，其强势表现促使传统媒体 2014 年加速变革转型。

(7) 微信、微博、APP 应用软件引领社交圈

随着越来越多人加入 APP 生活，2014 年，中国智能手机用户将翻倍增长，

腾讯的微信、新浪微博、各 APP 应用软件等是社会公众的主要社交应用工具。

（8）移动终端入口、互联网争夺战加剧

在 2013 年里，各互联网科技巨头企业上演了争夺战（百度收购 91 无线、腾讯入股搜狗等）。2014 年，中国的移动终端领域和互联网在即时通信、客户端应用、移动搜索、安全软件以及手机厂商方面的争夺战加剧。

（9）移动电子商务将全面进入争夺战

2013 年“双十一”，阿里巴巴集团旗下的淘宝和天猫实现了一天 350.19 亿元的交易额，其中 53.5 亿元来自手机淘宝；2014 年，阿里巴巴集团加快布局移动端的业务，移动电子商务全面进入争夺战。

（10）4G 时代运营商和移动软件竞争加大

4G 牌照的正式发放，必然会为手机厂商和移动软件（移动视频终端和手机游戏）开辟新的道路，随着工信部对万网（阿里巴巴）、京东、天音等 11 家中资民营企业虚拟运营商牌照的发放，十几年里移动、联通、电信三足鼎立的格局将被打破。

（11）自媒体时代全面爆发

2013 年，各大门户和知名科技媒体都已正式布局各自的自媒体平台产品，如搜狐新闻客户端、网易云阅读、腾讯媒体开放平台等，2014 年自媒体时代全面爆发。

（12）投资领域继续看好移动互联网

2013 年以来，移动互联网领跑新兴创业领域，投资活跃度持续增长。2014 年，移动互联网领域仍然是投资界看好的一块宝地，在即时通信、应用商店、可移动搜索、安全软件等方面都将继续受企业巨头的青睐。

（13）移动互联网金融业全面发展

2013 年，互联网科技巨头开始布局互联网金融战略，从阿里的余额宝到腾讯微信的理财通。2014 年，移动互联网金融业继续深化发展，进而打破传统银行业的垄断地位，优化金融市场。

（14）移动互联网仍具发展空间

基于移动互联网的市场还有很多尚待挖掘，拥有无限的想象空间，伴随着智能终端、云计算的大规模普及，很多应用都将成为可能，移动互联网仍具广阔的发展空间。

（15）移动互联网是开放的世界

在移动互联网时代，包括上传、下载和浏览都是用户自己决定的，无论平台、应用还是终端，都应当遵守开放、自由、公平的原则。

(16) 云计算将改变移动互联网

未来移动互联网将更多基于云应用和云计算，当终端、应用、平台、技术以及网络在技术和速度提升之后，将有更多具有创意和实用性的应用出现。

(17) 移动用户隐私安全成焦点

在频繁曝出用户资料隐私泄密等事件后，2014 年中国移动终端、互联网发展全面进入智能化时代，如何保证用户隐私安全成为共同应对的问题。

3. 移动互联网应用前景

(1) 移动下一个 50 亿

截至 2014 年春，全球移动互联网用户总数已经超过 10 亿，但还有 50 亿人没有被“移动”起来。移动未来就是移动下一个 50 亿。

(2) 移动互联网进入高速发展通道

2014 年，中国移动互联网的市场规模达到约 1940.7 亿元，预计到 2017 年，市场规模将增长约 4.5 倍，接近 6000 亿元，移动互联网市场进入高速发展通道。中国移动互联网的市场规模如图 13－5 所示。

(3) 新兴应用潜力巨大

在网络、终端硬件及人机交互等技术进一步升级的背景下，新兴应用发展具有更为巨大的潜力。4G 时代将进一步激发新应用、新服务的创新，推动即时消息类应用实现高清视频、多人语音等高带宽服务，新兴应用潜力巨大。

(4) 新兴企业形成

伴随移动互联网的高速发展，移动应用将在通信、零售、餐饮、交通等领域持续创新，并带动形成新一批具有影响力的移动互联网企业。

(5) 移动社交

移动社交将成为客户数字化生存的平台：在移动网络虚拟世界里面，服务社区化将成为焦点。

(6) 移动广告

移动广告将是移动互联网的主要盈利来源：手机广告是一项具有前瞻性的业务形态，可能成为下一代移动互联网繁荣发展的动因。

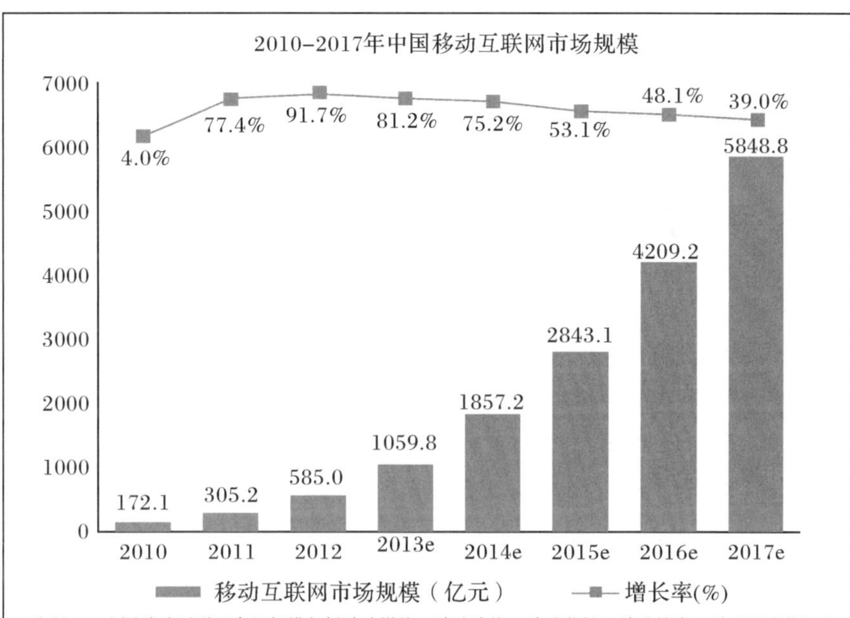

（资料来源：iResearch 咨询）

图 13－5　中国移动互联网的市场规模

（7）手机游戏

可以预见，手机游戏作为移动互联网的杀手级盈利模式，无疑将掀起移动互联网商业模式的全新变革。

（8）手机电视

手机电视将成为时尚人士新宠，用户主要集中在年轻群体，这样的群体在未来将逐渐扩大。

（9）移动电子阅读填补狭缝时间

由于手机功能扩展、屏幕更大更清晰、容量提升、用户身份易于确认、付款方便等诸多优势，移动电子阅读流行了起来。

（10）移动定位服务

人们的移动性在日益增强，对位置信息的需求也日益高涨，市场对移动定位服务需求将快速增加。未来基于位置的服务是移动互联网中较大的突破性应用。

（11）移动搜索

手机搜索引擎整合搜索概念、智能搜索、语义互联网等概念，综合了多种搜索方法，将成为移动互联网发展的助推器。

（12）手机内容共享服务

手机图片、音频、视频共享被认为是未来3G手机业务的重要应用。手机内容共享服务将成为客户的黏合剂。

（13）移动支付

移动支付业务的发展预示着移动行业与金融行业融合的深入，移动支付蕴藏巨大商机。

（14）移动电子商务

移动电子商务为用户随时随地提供所需的服务、应用、信息和娱乐，利用手机终端等移动通信设备可以方便地选择购买商品和服务。移动电子商务的春天即将到来。

移动信息化浪潮正以前所未有的迅猛之势席卷全球，这股强大的力量正将人们推向一片信息沟通顺畅、社会发展和谐的新天地。移动互联网对我国来说是难得的历史性机遇，我国产业界在桌面互联网和移动通信领域的发展基础上，紧跟移动互联网发展趋势，凭借巨大的市场优势、终端产业集群优势和相对完备的产业链，实现了终端企业的快速转型，占据了国内移动互联网应用的主流市场，诸多企业甚至具备了世界级的影响力，对产业生态的控制力进一步提升。伴随着无线通信技术的发展、终端价格的降低以及智能终端用户（特别是智能手机用户）的增加，将为整个产业链上的参与者提供更多的机会和挑战，移动互联网在多领域的应用前景均十分广阔。

五、知识卡片（十三）夏培肃

夏培肃（1923.07.28—2014.08.27），女，中国科学院院士，电子计算机专家，我国计算机事业的奠基人之一。1945年国立中央大学（南京大学）毕业。参加我国第一个计算技术研究所的筹建，研制成功我国第一台自行设计的通用电子数字计算机。负责研制成功多台不同类型的高性能计算机，为我国计算技术的起步和发展做出了重要贡献。夏培肃是一个典型的生命不息、奋斗不止的科学家，她总是念念不忘要使中国的计算机赶超世界先进水平，创新是她一生的追求。1952年，夏培肃开始研究通用电子数字计算机，她是我国在这个领域最早的科技人员。1960年，她设计试制成功我国第一台自行设计的电子计算机。从20世纪60年代初期开始，她一直研究如何提高计算机的运算速度，探索实现高性能计算机的技术，并负责研制成功多台高性能计算机。荣获2010年首届CCF终生成就奖。

第十四章　物联网

物联网（The Internet of Things，IOT）是互联网的延伸与扩展，是新一代信息技术的重要组成部分。互联网仅仅构建了一个与现实物理世界相对应的虚拟赛博空间（Cyberspace），而物联网则使虚拟世界与现实世界更紧密地相互联系，在现实世界和网络虚拟世界之间架起了一座桥梁，使二者融为一体。

一、物联网概述

1. 物联网的定义

（1）麻省理工学院的定义

1999 年，麻省理工学院（MIT）的 Auto - ID 研究中心提出物联网的概念：把所有物品通过射频识别（Radio Frequency IDentification，RFID）和条码等信息传感设备与互联网连接起来，实现智能化识别和管理。

（2）国际电信联盟（ITU）的定义

IOT 是在任何时间、任何环境，任何物品、人、企业、商业，采用任何通信方式（包括汇聚、连接、收集、计算等），以满足所提供的任何服务的要求。主要解决物品到物品（Thing to Thing，T2T）、人到物品（Human to Thing，H2T）、人到人（Human to Human，H2H）之间的互联。

（3）中国 IOT 校企联盟的定义

将几乎所有技术与计算机、互联网技术相结合，实现物体与物体之间，环境与状态信息的实时共享以及智能化的收集、传递、处理以及执行。广义上说，涉及信息技术的应用都可以纳入 IOT 的范畴。

（4）欧盟 RFID 和 IOT 研究项目组的定义

物联网是未来互联网的一个组成部分，可以定义为基于标准的和交互通信协议的，且具有自配置能力的动态全球网络基础设施，在物联网内物理和虚拟的“物件”具有身份、物理属性、拟人化等特征，它们能够被一个综合的信息网络所连接。

（5）笔者归纳的定义

物联网就是将现实世界中能识别的物品都融入互联网中，实现虚拟与现实世界互动统一的网络基础设施。

2. IOT 的发展历程

（1）IOT 的萌芽

1995 年，比尔·盖茨在《未来之路》中提出了“物物”相连的物联网雏形，只因当时受限于无线网络、硬件及传感器设备的发展，未能引起世人的重视。

（2）IOT 发展历程

IOT 的发展历程如表 14－1 所示。

表 14－1 物联网的发展历程

时间	人物	出处	贡献
1995 年	比尔·盖茨	《未来之路》	提出“物物”相连的物联网雏形
1998 年	美国麻省理工学院（MIT）		提出了被称为 EPC（Electronic Product Code）系统的“物联网”构想
1999 年	美国 Auto－ID		提出“物联网”的概念，主要是建立在物品编码、射频识别技术和互联网的基础上
2005 年	国际电信联盟（ITU）	《ITU 互联网报告 2005：物联网》	正式提出了“物联网”的概念
2008 年 3 月	苏黎世	全球首届国际 IOT 会议	探讨了 IOT 的新理念和新技术，以及如何推进 IOT 发展
2008 年	IBM 首席执行官彭明	美国工商业领袖举行会议	提出“智慧地球”的概念，建议新政府投资新一代的智慧型基础设施
2009 年 8 月	温家宝	在无锡视察	提出“感知中国”的理念
2010 年	温家宝	《政府工作报告》	提出要积极推进新能源汽车、三网融合，加快 IOT 的研发等
2010 年 8 月	中国国家标准化管理委员会	《ISO/PAS 18186：集装箱－RFID 货运标签系统》	在物流和 IOT 领域，首个由我国提出并由 ISO 正式发布的规范
2011 年 7 月	国家传感器网标准工作组		正式发布我国已完成的传感网首批 6 项标准征求意见稿

（续表）

时间	人物	出处	贡献
2011 年 10 月	北京市人民政府		“智慧旅游”城市建设及首批建设项目正式启动
2013 年 2 月	中国国务院	《关于推进物联网有序健康发展的指导意见》	提出到 2015 年，突破一批核心技术，初步形成 IOT 产业体系
2013 年 5 月	国家发展与改革委员会		正式批复“国家物联网标识管理公共服务平台”项目
2014 年 10 月		人民网	IOT 在需求变革中迎来巨大商机

（资料来源：公开资料整理）

（3）中国 IOT 大会

中国 IOT 大会是在工业和信息化部、国家发改委、中国科学技术协会的指导下，由中国电子学会主办、中国电子学会 IOT 专家委员会承办的全球性 IOT 盛会。历届大会主题如表 14－2 所示。

表 14－2　中国物联网大会主题

时间	大会主题	分论坛主题
2010 年	探讨 IOT 本质与商业模式	IOT 的信息采集、传感器与 RFID、IOT 垂直应用与商业模式、物联网的信息传输、高校物联网学科建设专题
2011 年	应用为本——IOT 战略解析	全国 IOT 典型应用案例、热点前沿技术、中国健康物联、物联网标准、智慧城市
2012 年	智慧城市	IOT 国际交流合作、智慧城市、车联网技术与产业发展、中国 IOT 产业投融资对接与项目落地、IOT 信息安全专题
2013 年	智慧城市成热点	IOT 核心与前沿技术、智慧医疗、智慧城市、车联网与智能交通、中国 IOT 投融资
2014 年	新型城镇化战略下的智慧城市之路	可穿戴计算产业发展之路、智慧生态园区、IOT 应用与标准化、IOT 与传统行业的融合、IOT 人才培养

（资料来源：公开资料整理）

3. IOT 的特征及功能模型

（1）IOT 的基本特征

从通信对象和过程来看，IOT 的核心是物与物、人与物之间的信息交互。IOT 的基本特征可概括为如下几点：

①全面感知，利用射频识别、二维码、传感器等技术随时随地对物体进行

信息的采集和获取。

②可靠传送，通过将物体接入信息网络，依托各种通信网络，随时随地进行可靠的信息交互和共享。

③智能处理，利用智能计算技术，对海量的感知数据和信息进行分析、处理，实现智能化的决策和控制。

（2）IOT 运行特点

ITU 在泛在网的任何地方、任何事件互联的基础上增加了“任何物体连接”，从时间、地点及物体三个维度对 IOT 的运行特点做出了分析，如图 14－1 所示。

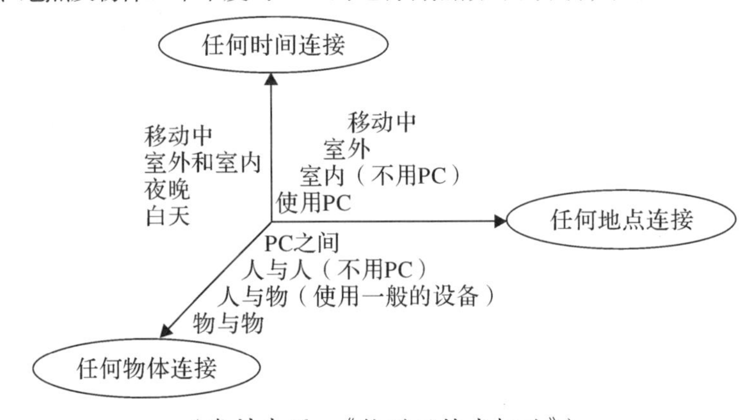

（资料来源：《物联网技术概论》）

图 14－1 物联网的运行特点

（3）信息功能模型

为了更清晰地描述 IOT 的关键环节，按照信息科学的视点，围绕信息的流动过程，抽象出 IOT 的信息功能模型，如图 14－2 所示。

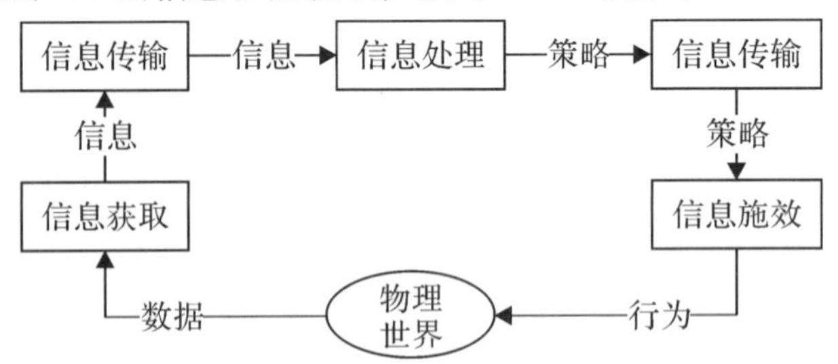

（资料来源：《物联网：概念、架构与关键技术研究综述》）

图 14－2 信息功能模型图

4. IOT 战略意义

（1）经济价值

①绿色经济与低碳经济 IOT 能为公共服务提供保障，应用领域涵盖城市的智能管控、生态环境的监测等，这些应用都是绿色经济、低碳经济的典型代表。

②信息经济与知识经济。IOT 产业是一个充满创造性、极具渗透性、富有带动性的产业，是信息经济和知识经济的重要表现方式。

（2）社会价值

社会价值主要体现在解决人口老龄化、城市交通以及环境保护等各个方面的问题。

（3）国家安全

IOT 在国家安全方面的重要作用表现在：①国界安防；②防范恐怖主义；③轨道交通安全；④经济信息安全；等等。

（4）科技发展需求

发展 IOT 的科技包括：①传感器技术；②信息处理与服务技术；③网络通信技术；④能源技术；等等。

二、IOT 的相关技术

1. IOT 的技术体系结构

IOT 的技术体系结构如图 14－3 所示。

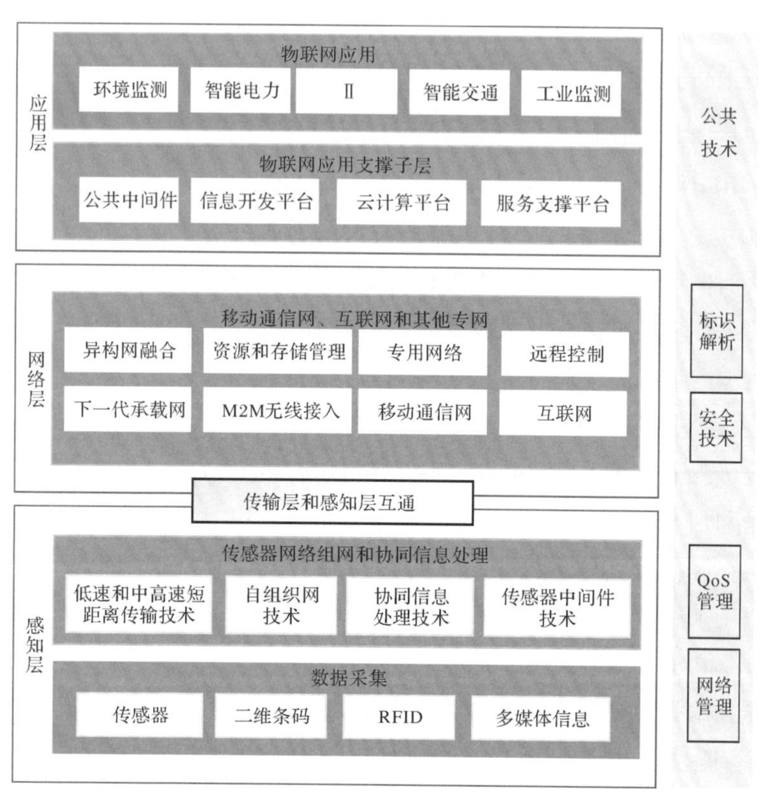

（资料来源：《物联网技术综述》）

图 14－3 IOT 的技术体系框架

(1) 感知层

数据采集和感知主要用于采集物理世界中发生的物理事件和数据，包括各类物理量、标识、音频以及视频数据。IOT 的数据采集涉及传感器、RFID、多媒体信息采集、二维码以及实时定位等技术。

(2) 网络层

实现更加广泛的互联功能，能够把感知到的信息无障碍、高可靠、高安全地进行传送，这需要传感器网络与移动通信技术、互联网技术相融合。虽然这些技术已较成熟，但仍有待进一步优化。

(3) 应用层

主要包含应用支撑平台子层和应用服务子层。其中应用支撑平台子层用于支撑跨行业、跨应用、跨系统之间的信息协同、共享、互通等功能；应用服务子层包括智能交通、智能医疗、环境监测以及工业监控等多行业应用。

(4) 公共技术

公共技术不属于 IOT 技术的某个特定层面，它与 IOT 技术架构的三层都有关系，主要包括标识与解析、安全技术、网络管理以及 QoS（Quality of Service，服务质量）管理。

2. IOT 关键技术

(1) RFID 技术

RFID 是一种非接触式的自动识别技术，它通过射频信号进行全双工数据通信，从而自动识别目标对象并获取相关数据，识别过程无须人工干预，适用于各种恶劣环境；可快捷方便地识别高速运动物体并可同时识别多个标签，实现全球范围内物品的跟踪与信息共享。

(2) 无线传感网络技术

无线传感器网络（Wireless Sensor Network，WSN）是将分布式信息采集、信息传输和信息处理技术融合的网络信息系统，以其低成本、微型化、低功耗、自组织等特点受到广泛重视，是推动经济发展和维护国家安全的重要技术，可以用来感知整个物质世界。

(3) 智能技术

智能技术是将一个智能化的系统植入物体中，使物体具备一定的“主观能动性”（智能性），能够与用户进行沟通，是 IOT 的关键技术之一。目前的智能技术研究包括人工智能理论、虚拟现实及各种语言处理的人机交互技术、可准确定位跟踪的智能技术、智能化信号处理等。目前最流行的智能信息设备是智能手机，此外还有车载设备、数字标牌、医疗设备以及智能电视等。

（4）纳米技术

纳米技术（Nano Technology）能将微小的物体（如沙粒）纳入IOT，进行信息交互，这使IOT真正意义上做到了万物互联，纳米技术必然在IOT中扮演重要的角色。

（5）GPS技术

全球定位系统（Global Positioning System，GPS）给IOT提供了强大的技术支撑，使物与物之间的准确定位成为可能。GPS技术以其高精度、全天候、高效率、多功能、操作简便以及应用广泛等特点为IOT中的定位追踪提供了便捷的服务。

3. IOT中的信息安全与隐私保护

（1）IOT的信息安全与隐私

①网络信息安全的一般性指标包括可靠性、可用性、保密性、完整性、不可抵赖性以及可控性等。

②IOT或者IOT数据的不正当使用，会造成信息的泄露、篡改和滥用；采用合适的安全和隐私保护技术，可以有效地降低使用互联网的安全风险。

（2）RFID安全与隐私保护

①RFID作为IOT重要的信息获取手段，RFID标准组织已经发布了一系列相关安全标准，而且对RFID隐私保护的关注越来越多。

②RFID的主要安全隐患包括：窃听、中间人进攻、欺骗、克隆、重放、物理破解、篡改信息、拒绝服务攻击以及RFID病毒等。主要隐私问题包括：隐私信息泄露、跟踪等。

③RFID安全和隐私保护机制。早期物理安全机制包括："灭活"标签机制、法拉第网罩、主动干扰以及阻止标签等；基于密码学的安全机制包括：哈希锁（Hash - Luck）、随机哈希锁（Randomized Hash - Lock）、哈希链（Hash Chain Scheme）、同步方法（Synchronization Approach）以及树形协议（Tree - Based Protocol）等；新兴隐私保护认证的方法有基于PUF（Physically Unclonable Function，不可复制）和基于掩码两种方法。

（3）位置信息与个人隐私

①位置隐私的重要性。随着位置信息精度的不断提高，其包含的信息量也

越来越大，攻击者通过截获位置信息可以窃取的个人隐私也变得越来越多。因此，保护位置隐私刻不容缓。

②位置隐私面临的威胁。攻击者窃取位置信息的手段有如下几种可能：用户和服务提供商之间的通信线路遭到了攻击者的窃听；用户和服务提供商对用户的信息保护不利；服务提供商与攻击者沆瀣一气，甚至服务提供商就是由攻击者伪造而成的。

③保护位置隐私的手段。IOT 中对位置信息的使用必须由法律和规章制度来规范；具体的位置隐私方针可以允许用户自行定义；将真正身份信息替换为一个匿名代号对位置信息数据进行混淆。

（4）如何面对安全和隐私挑战

①可用性与安全性的统一，安全与隐私保护是可用性与安全性的平衡与统一，必须平衡两者之间的关系从而达到最优的效果。

②与其他技术手段结合可以解决 RFID 所面临的安全问题，如生物识别技术、近场通信技术等。

③法律法规的完善，法律和指导意见被许多政府和团体提出用于保护信息安全和隐私。每一项新技术，在诞生初期总会遇到一些质疑甚至抵制。但是，真正有益于全人类的技术革命，总能在苛责中得到检验和不断完善。

4. IOT 标准化

（1）制定 IOT 标准的意义

IOT 是近年来兴起的全球科技热点，是一种以感知为目的、I 协同为核心的综合信息系统。制定我国 IOT 技术标准的目的是根据 IOT 的技术特点和发展趋势，掌握国际 IOT 技术标准的发展动态，制定有利于推动我国技术和应用、有利于促进对外经济交往的 IOT 技术标准发展规划。

（2）国际 IOT 标准制定现状

目前已有很多标准化组织均开展了与 IOT 相关的标准化工作，主要包括 ISO/IEC JTC1，IEEE，ITU－T，IETF，EPC global，ETSI，3GPP 以及 ZigBee 等。

（3）中国 IOT 标准制定现状

在政府支持和研究机构的努力下，目前，已经具有一定的研究成果，与国外的技术研究和标准制定近乎同步。国内已成立的 IOT 标准化组织有传感器网络标准工作组、电子标签标准工作组、国家 IOT 标准联合工作组以及中国通信标准化协会泛在网技术委员会等。

（4）全面推进 IOT 标准化

IOT 是以感知为目的的系统，涉及网络、通信、信息处理、传感器、RFID、安全、服务技术、标识、定位、同步、数据挖掘以及多网融合等众多技术领域。核心技术研发方面缺乏单位间的协同攻关，各类方案间缺乏统一的规划和接口，处于离散状态，应全面推进 IOT 标准化。

三、IOT 发展现状

IOT 作为我国战略性新兴产业的重要组成部分，正在进入深化应用的新阶段。IOT 与传统产业、其他信息技术不断融合渗透，催生出新兴业态和新的应用。在加快经济发展方式转变、促进传统产业转型升级、服务社会民生等方面正在发挥越来越重要的作用。

1. 全球 IOT 发展状况

（1）发达国家把握 IOT 发展契机

发达国家积极进行 IOT 战略布局，以移动互联网、IOT、云计算和大数据等为代表的新一代信息通信技术（Information Communication Technology，ICT）创新活跃，发展迅猛，正在全球范围内掀起新一轮科技革命和产业变革。

（2）不断融合渗透

IOT 通过与其他 ICT 技术的不断融合，正加速向制造技术、新能源、新材料等其他领域的渗透。面对新一轮技术革命可能带来的历史机遇，发达国家政府纷纷进行 IOT 战略布局，瞄准重大融合创新技术的研发与应用，以期把握未来国际经济科技竞争主动权。

（3）美国重视 IOT 占领制造业制高点

美国逐步将 IOT 的发展和重塑美国制造优势计划结合起来，以期重新占领制造业制高点。美国总统创新伙伴项目（PIF）提出政府与行业合作，创造新一代的可互操作、动态、高效的“智能系统”——工业互联网，其内涵是基于IOT、工业云计算和大数据应用，架构在宽带网络基础之上，实现人、数据与机器的高度融合，从而促进更完善的服务和更先进的应用。

（4）欧盟建立 IOT 政策体系

欧盟建立了相对完善的 IOT 政策体系，积极推动 IOT 技术研发。发布了信息化战略框架、行动计划、战略研究路线图等，并试图通过“创新型联盟”快速推动 IOT 融合创新在多个领域中的深度渗透。

（5）德国联邦政府 IOT 举措

德国联邦政府在《高技术战略 2020 行动计划》中明确提出了工业 4.0 理念。通过将 IOT 与服务引入制造业重构全新的生产体系，改变制造业发展范式，形成新的产业革命。

（6）IOT 应用市场化机制逐步形成

受各国战略引领和市场推动，全球 IOT 应用呈现加速发展态势，IOT 所带动的新型信息化与传统领域走向深度融合，IOT 对行业和市场所带来的冲击和影响广受关注。总体来看，全球物联网应用仍处于发展初期，M2M（Machine to Machine，机器与机器通信）、车联网、智能电网是近两年全球发展较快的重点应用领域。

（7）机器与机器通信

机器与机器通信（Machine to Machine，M2M）是率先形成完整产业链和内在驱动力的应用，到 2013 年年底，全球 M2M 连接数达到 1.95 亿，年复合增长率为 38%。预计 2014 年年底全 M2M 连接数将达到 2.5 亿。

（8）车联网

车联网是市场化潜力最大的应用领域之一。车联网可以实现智能交通管理、智能动态信息服务以及车辆智能化控制的一体化服务，正在成为汽车工业信息化提速的突破口。以车联网逐步普及为标志，汽车工业已经开始进入“智慧时代”。以美国为例，2013 年出产的低端车型均已实现联网，具有自动泊车、自动跟车及主动避撞等功能。

（9）全球智能电网进入发展高峰期

2013 年，与智能电网配套使用的智能电表安装数量超过 7.6 亿只，1/3 的美国人用上了智能电表，高峰时用电量减少了 20% ~30%；到 2020 年智能电网预计将覆盖全世界 80% 的人口。

（10）IOT 技术创新活跃

IOT 技术创新活跃，IP 化和语义化成为技术标准热点；IOT 体系架构设计依然是国际关注和推进的重点；感知层短距离通信技术共存发展；无线传感网 IP 化步伐加快；IOT 语义从传感网本体定义向网络、服务、资源本体延伸；IOT 与移动互联网在终端、网络、平台及架构上融合发展。

（11）IOT 产业加速发展

从全球看，IOT 整体上处于加速发展阶段，IOT 产业链上下游企业资源投入力度不断加大。基础半导体巨头纷纷推出适应物联网技术需求的专用芯片产品，为整体产业快速发展提供了巨大的推动力；开源硬件和开放平台催生 IOT 设备开发新模式。

2．我国 IOT 发展现状

（1）我国 IOT 健康发展的政策环境日趋完善

我国 IOT 在技术研发、标准研制、产业培育以及行业应用等各方面已具备一定基础，但仍然存在一些深层次问题需要解决。为了推进物联网有序健康发展，我国政府加强了对 IOT 发展方向和发展重点的规范引导，不断优化 IOT 发展环境。

（2）IOT 顶层设计显著加强

我国政府高度重视 IOT 顶层设计。如 2013 年 2 月，国务院发布《关于推进 IOT 有序健康发展的指导意见》，确立了发展目标，明确了下一阶段的发展思路。

（3）10 个发展行动计划明确主要工作任务

2013 年 9 月，国家发展改革委、工信部等 10 多个部门印发了顶层设计、标准制定、技术研发、应用推广、产业支撑、商业模式、安全保障、政府扶持措施、法律法规保障、人才培养 10 个 IOT 发展专项行动计划。

（4）各部门积极推动 IOT

国家发改委、工信部、财政部、科技部、IOT 发展专项行动计划——《顶层设计专项行动计划》和《技术研发专项行动计划》，都确立了 IOT 的重要地位，如财政部会同工信部设立了 IOT 发展专项资金（自 2011 年起累计安排 IOT 专项资金 15 亿元）。

（5）国内 IOT 应用进入实质性推进阶段

IOT 凭借与新一代信息技术的深度集成和综合应用，在推动工业企业转型升级、提升社会服务、改善服务民生、推动增效节能等方面正发挥着重要的作用。

（6）IOT 推动工业转型升级

IOT 在工业领域有坚实的应用基础，主要集中在制造业供应链管理、生产过程工艺优化、产品设备监控管理、环保监测及能源管理以及工业安全生产管理等环节。IOT 在钢铁冶金、石油石化、机械装备制造以及物流等领域的应用比较突出，传感控制系统在工业生产中成为标准配置。

（7）IOT 在农业领域激发高效生产力

物联网可以应用在农业资源和生态环境监测、农业生产精细化管理以及农产品储运等环节。如国家粮食储运 IOT 示范工程采用先进的 IOT 传感节点技术，每年可以节省几个亿的清仓查库费用，并减少数百万吨的粮食损耗。

（8）利用 IOT 优化交通运输资源提升效率

近几年，我国智能交通市场规模一直保持稳步增长，在智能公交、电子车牌、交通疏导、交通信息发布等典型应用方面已经开展了积极实践。如智能公交系统可以实时预告公交到站信息等。

（9）在智能电网领域的应用相对成熟

国家电网公司已在总部和 16 家省网公司建立了“两级部署、三级应用”的输变电设备状态监测系统，实现对各类输变电设备运行状态的实时感知、监视预警、分析诊断和评估预测。

（10）物联网在民生服务领域大显身手

通过充分应用 RFID、传感器等技术，IOT 可以应用在社会生活的各个方面。例如，我国大力开展食品安全溯源体系建设，建成了重点食品质量安全追溯系统国家平台和 5 个省级平台，覆盖了 35 个试点城市。

（11）智慧城市成为物联网发展的重要载体

IOT 为实现安全高效、和谐有序、绿色低碳、舒适便捷的智慧城市目标发挥了重要作用。以“智慧北京”为例，我国目前有超过 300 个城市启动了智慧城市的规划和建设。

（12）积极推进 IOT 自主技术标准和共性基础研究

我国 IOT 领域技术研发攻关和创新能力不断提升，在传感器、RFID、M2M、标识解析、工业控制等特定技术领域已经拥有一定具有自主知识产权的成果，部分自主技术已经实现一定的产业应用；在 IOT 通用架构、数据与语义、标识和安全等基础技术方面正加紧研发布局；我国 IOT 标准化局部取得突破。

（13）IOT 产业体系相对完善/局部领域获得突破

我国已经形成涵盖感知制造、网络制造、软件与信息处理、网络与应用服务等门类相对齐全的 IOT 产业体系，产业规模不断扩大，已经形成环渤海、长三角、珠三角以及中西部地区四大区域集聚发展的空间布局，呈现出高端要素集聚发展的态势。产业保持较快增长，部分领域取得局部突破。

（14）技术研发水平跻身世界前列

在 IOT 这个全新产业中，我国推广 IOT 的条件逐步成熟、技术研发水平处于世界前列。在世界物联网领域，中国与德国、美国、韩国一起，成为国际标准制定的主导国。

（15）IOT 发展尚不平衡

我国已形成基本齐全的 IOT 产业体系，部分领域已形成一定市场规模，网络通信相关技术和产业支持能力与国外差距相对较小，而传感器、RFID 等感知端制造产业、高端软件和集成服务与国外差距相对较大。但真正与 IOT 相关的设备和服务尚在起步，发展尚不平衡。

3. 物联网发展中的 4 大问题

（1）核心技术短板待补

IOT 产业链主要分为感知层、网络层和应用层。我国在 M2M 服务、中高频 RFID、二维码等产业环节具有一定优势；在基础芯片设计、高端传感器制造、智能信息处理等产业环节依然薄弱，相关企业多而不精，严重制约物联网发展。《2014 年物联网工作要点》重点提出要突破相关核心技术研发。

（2）急需建立应用协调机制和标准

IOT 属于长产业链，是制造业与服务业的有机融合，更是信息的融合。跨部门、跨地域、跨行业的应用协调机制和标准急需建立。形成统一的标准体系和协调机制，消除信息孤岛。

（3）安全和隐私问题令人担忧

IOT 安全和隐私问题令人担忧，需未雨绸缪。在法律层面，保护隐私安全的法规也亟待完善。

（4）商业模式问题

推动新技术新产业发展的根本驱动力是良好的商业模式。当前我国 IOT 发展基本处于政府主导阶段，市场端参与者甚多，但市场发展动力不足，难以达到规模经济，制约了 IOT 市场化盈利模式的形成，商业模式有待探索。

四、IOT 发展趋势及应用前景

1. IOT 发展趋势

（1）M2M 车联网高速增长

M2M 车联网市场是最具内生动力和商业化更加成熟的领域。M2M 将持续保持高速的增长，据国际机构预测，预计到 2020 年通过蜂窝移动通信连接的 M2M 终端将达到 21 亿。

（2）推动工业转型升级

IOT 在未来整个工业方面的应用，将推动工业整个转型升级和新产业革命的发展。首先，IOT 与工业的融合将带来全新的增长机遇。其次，工业 IOT 统一标准将成为大势所趋，IOT 推动两化融合继续走向深入。

（3）与移动互联网融合

IOT 与移动互联网融合最具市场潜力，创新空间最大，这也是我们对整体未来发展的一种判断。

（4）行业应用仍将持续稳步发展

行业应用仍然是 IOT 发展的重要领域，在工业、农业、电力、交通、物流、安防、环保等行业领域，IOT 应用提升的空间广阔。IOT 的深度应用将进一步催生行业的变革，整个行业领域将向着公平、开放、廉洁、高效、节约的方向发展。

（5）与大数据融合的新挑战

IOT 产生大数据，大数据带动 IOT 价值提升。IOT 的数据特性和其他现有的一般数据特性有很大不同，因为 IOT 面向的终端类型非常多样，这种多样的特性对大数据提出了新挑战。

（6）推动智慧城市建设

IOT 在智慧城市建设中的推广与应用将更加深化。智慧城市本身为 IOT 的应用提供了巨大的载体，在这种载体中，IOT 可以集成一些应用，在城市的信息化管理、民生等方面都可以发挥融合应用的效果，真正发挥 IOT 的行业应用特征并产生深远的影响。

2. IOT 未来重点应用领域

IOT 未来重点应用领域包括：①智能医疗；②智能工业；③智能环保；④智能物流；⑤智能电网；⑥智能交通；⑦公共安全；⑧智能农业；⑨智能家居；⑩车联网；⑪智慧城市；⑫智能司法；⑬智能校园；⑭智能文博；⑮M2M 平台；⑯移动电子商务等各方面。

3. 物联网应用前景

（1）物体智能化

Internet of Things in 2020 报告分析预测，未来物联网的发展将经历 4 个阶段，2010 年之前 RFID 被广泛应用于物流、零售和制药领域，2010—2015 年物体互联，2015—2020 年物体进入半智能化，2020 年之后物体进入全智能化。研究公司 IDC 公布的一项调查显示，当企业和消费者在家庭、汽车和各种配件上采用智能技术，IOT 市场将从 2013 年的 1.9 万亿美元增至 2020 年的 7.1 万亿美元。

（2）市场规模有望突破万亿元

IOT 将 IT 技术充分利用在各行各业，将信息化进行到底。据预测，到 2015 年我国的 IOT 市场规模有望接近万亿元，其产业将达到互联网的 30 倍。

（3）刺激信息消费发展

IOT 是刺激信息消费的重要手段，将搭乘智慧城市建设东风快速发展。IOT 是以丰富形式存在的泛在网络，将在智慧物流、移动商务、食品溯源、智慧家居、智慧城市管理等领域广泛应用，这些领域的建设将带动 IC（Integrated Circuit，集成电路）卡、RFID 电子标签、NFC 智能手机、移动 POS（Point of Sale，销售终端）机、软件平台等相关领域的 IT 投入。

（4）金融 IC 卡爆发式发展

金融 IC 卡领域迎来黄金发展期，预计 2015 年国内金融 IC 卡的市场规模将达到 51.9 亿元。

（5）移动支付

中国手机支付市场拥有广阔的发展前景。目前，手机网民在总体网民中的比例进一步提高，为手机支付产业奠定了发展基础，预计未来几年我国手机支付市场将迎来爆发式增长。

（6）物流仓储

物流行业是典型的完全竞争领域，IOT 将会广泛应用其中。

（7）食品溯源

食品溯源即食品质量安全溯源体系，是一套食品安全管理制度。食品溯源建设将推动 RFID 电子标签的需求上升。

（8）带动传感器市场

IOT 将有效地带动整个传感器市场的发展。未来 5 年，预期国内的传感器市场将会实现快速增长，达到 31% 左右。食品、物流、汽车、煤矿、安防等领域对传感器的需求出现飞跃。

（9）大融合

当前，以移动互联网、物联网、云计算、大数据等为代表的新一代 ICT 技术创新活跃、发展迅猛，正在全球掀起新一轮科技革命和产业变革。IOT 通过与其他 ICT 技术的不断融合，正加速向制造技术、新能源、新材料等其他领域渗透。

（10）IOT 迎来大发展

Gartner 给出的技术成熟曲线如图 14－4 所示。从图中可以看出 IOT 到 2022

年会达到发展高峰，目前处于黄金发展期。

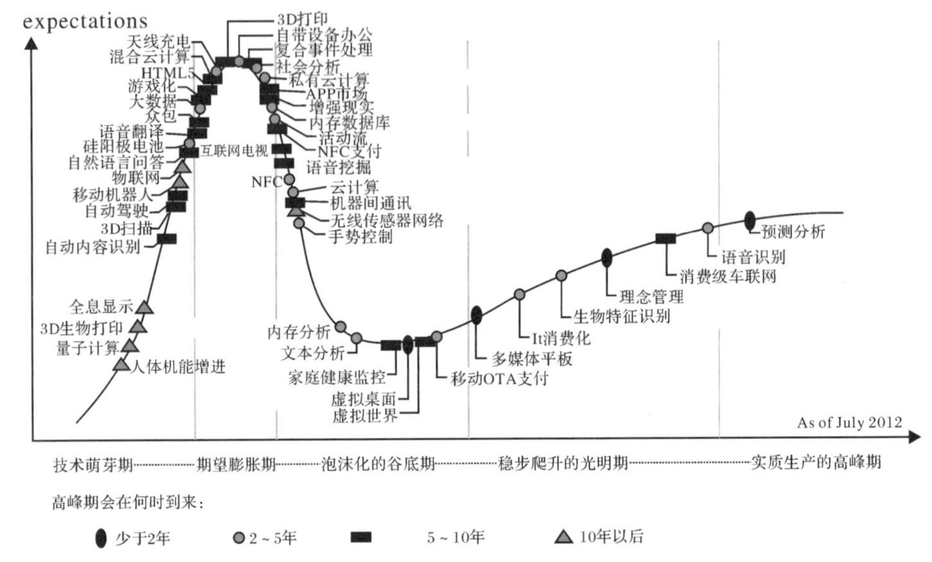

图 14－4 Gartner 总结的技术成熟曲线

IOT 应用虽然已有许多典型案例，但总体来看，全球物联网应用仍处于发展初期，应用前景十分广阔。如果能抓住这一历史机遇，我国物联网应用一定能跻身于世界前列并带来巨大的经济效益和社会效益。

五、知识卡片（十四）徐家福

徐家福（1924.11.18— ），教授，博士生导师，中国计算机科学和计算机软件学专家。1981 年任南京大学计算机系教授、博士生导师，培养出中国第一位计算机软件学博士。曾任南京大学计算机软件研究所所长、计算机软件新技术国家重点实验室主任，国务院学位委员会计算机学科评议组召集人，国务院电子振兴领导小组顾问，中国计算机学会副理事长。现任南京大学计算机软件新技术国家重点实验室名誉主任。主要研究高级语言、新型程序设计与软件自动化。代表性成果有：率先在中国研制出数据驱动计算机模型；研制出兼顾函数式和逻辑式风格的核心语言 KLND 及相应的并行推理系统；完成多个软件自动化系统。荣获 2011 年第二届 CCF 终生成就奖。

第十五章　云计算

云计算是当今的热门话题，是主流媒体的高频词，几乎家喻户晓。云计算作为当代的热点技术，正深刻地改变着人类社会结构、重新塑造着人类的生产和生活方式。云计算实质上是一种典型的网络计算，是众多传统计算机技术与网络技术发展融合的产物，云计算的发展和兴旺是技术推动和需求牵引共同作用的结果。

一、云计算概述

1. 云计算的定义

云计算（Cloud Computing）是发展中的新技术，关于它的定义与解释至少可以列出百余种，在此仅列举几个有代表性的定义。

（1）美国国家标准与技术研究院（NIST）的定义

云计算是一种按使用量付费的模式，这种模式提供可用的、便捷的按需网络访问，进入可配置的计算资源共享池，资源包括网络、服务器、存储、应用软件、服务，这些资源能够被快速提供，只需投入很少的管理工作或与服务供应商进行很少的交互。

（2）国务院政府工作报告的定义

云计算是基于互联网服务的增加、使用和交付商业模式，通常涉及通过互联网来提供动态、易扩展且经常是虚拟化的资源，是传统计算机技术和网络技术发展融合的产物，它意味着计算能力也可以作为一种商品通过互联网进行流通。

（3）中国电子学会云计算专家委员会的定义

云计算是一种基于互联网的、大众参与的计算模式，其计算资源（计算能力、存储能力、交互能力）是动态的、可伸缩的、被虚拟化的，以服务的方式提供。这种新型的计算资源组织、分配和使用模式，有利于合理配置计算资源，提高其利用率、促进节能减排，进而实现绿色计算。

（4）笔者归纳的定义

云计算是一种基于互联网的、大众参与的、计算资源均以服务方式按需即时提供给用户的商业计算模式。

2. 云计算的发展历程

（1）云计算早期回顾

20 世纪 50 年代大型机上采用的共享 CPU 的分时操作，就是一种一对多的服务方式，从中可以看到云计算的早期萌芽。当时科学家 Herb Grosch 推测，整个世界将在哑终端搭载约 15 个大型数据中心上运行。20 世纪 60 年代，约翰·麦卡锡（John McCarthy）认为，“计算可能有一天会被组织成一个公共事业”。

（2）“云计算”概念的正式提出及研究进展

①2006 年 8 月 9 日，Google 首席执行官埃里克·施密特（Eric Emerson Schmidt）在搜索引擎大会（SES San Jose 2006）上，首次提出“云计算”的概念，标志着云计算时代的开始。

②从 2006 年起，云计算的研究引起了各界的广泛关注，研究不断深入，有代表性的研究进展如表 15－1 所示。

表 15－1 云计算有代表性的研究

时间	人物与机构	贡献
2007 年 10 月	Google 与 IBM	在美国大学校园（卡内基梅隆大学、麻省理工学院等）推广云计算，希望能降低分散式计算技术在学术研究方面的成本
2008 年 1 月	Google	在我国台湾地区启动“云计算学术计划”，将大规模、快速计算技术推广到校园
2008 年 7 月	雅虎、惠普和英特尔	宣布一项涵盖美国、德国和新加坡的联合研究计划，推出云计算研究测试床，推进云计算
2008 年 8 月	戴尔	正式申请“云计算”商标，此举旨在加强对这一未来可能重塑技术架构术语的控制权
2008 年 11 月	中国电子学会	成立了中国电子学会云计算专家委员会
2010 年 3 月	Novell 与云安全联盟（CSA）	共同宣布一项供应商中立计划——“可信任云计算计划”

（续表）

时间	人物与机构	贡　献
2010年7月	NASA和Rackspace、AMD、Intel、戴尔等厂商	共同宣布“OpenStack”开放源代码计划
2011年2月	思科系统	正式加入OpenStack，重点研制OpenStack的网络服务
2012年	欧盟委员会	发布了云战略，目标是在欧盟地区改善和增加云计算的应用，总投资将达450亿欧元
2012年11月	亚马逊	在拉斯维加斯召开首次用户和合作伙伴大会，要点是亚马逊Web服务部门的云战略等
2012年12月	中国通信学会	在中国北京举办“2012国际云计算大会”，主题为“云计算应用与实践”
2013年11月	云计算发展与政策论坛用户委员会	通过梳理云计算终端用户的需求和实践，更有效地促进云计算产业的健康发展
2014年9月		2014年第二届全球云计算大会·中国站（Cloud Connect China）在上海国际会议中心举办

（资料来源：公开资料整理）

③中国云计算产业发展阶段

中国云计算产业发展阶段可以归结为：准备阶段（2007—2010年）、起飞阶段（2010—2015年）、成熟阶段（2015—××年），如图15－1所示。

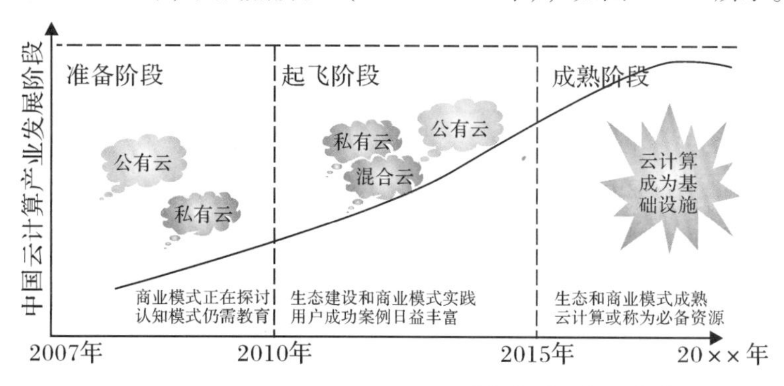

（数据来源：赛迪顾问，2011.03）

图15－1　中国云计算产业发展阶段

（3）中国云计算大会

从2009年起，中国每年召开一次云计算大会，每一届大会的主题都表达了云计算技术的最新发展。云计算大会的主题及技术专题如表15－2所示。

表15－2 中国云计算大会主题

时间	届数	主题	技术专题
2009年5月	一	云计算技术与挑战	虚拟化与云存储 云计算平台与服务 云计算与SaaS等
2010年5月	二	云计算技术与产业生态系统	云存储与虚拟化 云计算行业应用与创新 云计算核心技术架构 投资与地方经济封闭 云计算平台与应用实践 云计算时代的安全解决方案
2011年5月	三	探寻云计算应用之路	云计算核心技术架构 云计算平台与应用实践 云存储与虚拟化 云计算环境下的信息安全 云计算与新型数据中心 云计算与信息化创新 云计算与开放技术 云计算投资与新兴产业 云计算与移动互联网
2012年5月	四	发挥示范引领作用推动云计算创新实践	2012 IBM云计算高峰论坛 海峡两岸云计算合作论坛 云计算国际交流与合作论坛 云基地专场 云计算与智慧城市发展论坛 北京数字出版专场 云计算核心技术架构论坛 云计算与大数据论坛 云计算平台与应用实践论坛 云计算时代的信息安全 云计算数据中心 云计算存储与虚拟化 云计算与移动互联网及新型终端
2013年6月	五	大数据大带宽推动云计算应用与创新	中—美云计算合作论坛 中国—欧盟云计算合作论坛 海峡两岸云计算合作 云计算标准国际论坛 云计算与大数据论坛 云计算数据中心论坛 开源云计算技术论坛 云计算与智慧城市论坛 云计算安全论坛 云计算与教育信息化论坛 云计算核心技术架构论坛 云计算与医疗信息化论坛 云计算平台与应用论坛 云终端与移动互联网论坛 微软专场—“Windows Azure云速未来”等

（续表）

时间	届数	主题	技术专题
2014 年 5 月	六	云计算 大数据 推动智慧 中国	国际云计算标准化论坛 海峡两岸云计算合作论坛 云计算核心技术架构论坛 大数据核心技术论坛 云计算平台构建实践 云计算数据中心与运维论坛 云计算安全论坛 公用云应用与系统运维论坛 云计算大数据智能交通行业应用论坛 云计算大数据医疗行业应用论坛 数据中心的融合架构与存储论坛 云计算大数据教育行业应用论坛 云计算大数据智能制造应用论坛 云计算大数据互联网金融论坛 云计算大数据数字娱乐行业应用论坛 全国云计算大数据创新项目评选颁奖暨风险投资论坛

（资料来源：公开资料整理）

3. 云计算产生的大背景分析

（1）经济方面

①后危机时代加速了全球经济一体化发展。实践证明：国家和地区的区域优势和比较优势自发地全球寻租，基于成本考虑，价值链的协作者自发整合；基于效率考虑，协同效应需要弹性的业务流程支持。

②在日益复杂的世界面前，不确定因素在更快、更广地涌现，计划跟不上变化，无法准确预测黑天鹅现象的发生。

③需求是云计算发展的动力。用户不需要专门的 IT 团队，也不需要购买、维护、安放有形的 IT 产品，只需要低成本、高效率、随时按需的 IT 服务；云计算服务提供商可以极大地提高资源（硬件、软件、空间、人力以及能源等）的利用率和业务响应速度，有效聚合产业链。

（2）社会层面

①数字一代的崛起。根据安达信咨询（Andersen Consulting）公司的调查，中国网民数预计到 2015 年将增加到 6.5 亿以上。

②消费行为的改变。社交网络将现实生活中的人际关系以实名制的方式复制到虚拟世界中，未来网络的发展将实名制、基于信任和社交化。

（3）政治层面

①出口型向内需型社会转型，如何满足大众用户日益增长并不断个性化的

需求是一项严峻的挑战。

②产业从制造型向服务型、创新型的转变。

③“十二五”规划对物联网、三网融合、移动互联网以及云计算战略的大力支持。

（4）技术层面

①技术成熟。技术是云计算发展的基础。首先是云计算自身核心技术的发展，其次是云计算赖以存在的移动互联网技术的发展。

②企业 IT 的成熟和计算能力过剩。社会需求的膨胀、商业规模的扩大、企业 IT 按峰值设计，需求的波动性使大量计算资源被闲置。

云计算就是在上述大背景下产生的，企业内部的资源平衡带来私有云需求，外部的资源协作促进公有云的发展。

4. 关于云计算的解读

（1）从图灵计算到云计算

计算机的发明是 20 世纪最重要的事件之一，它使得人类文明的进步达到了一个全新的高度。进入 21 世纪，互联网逐渐成为最重要的社会性基础设施，在电子、通信、计算机与网络技术的共同作用下，计算技术从图灵计算逐渐向云计算演进，其演进过程如图 15－2 所示。

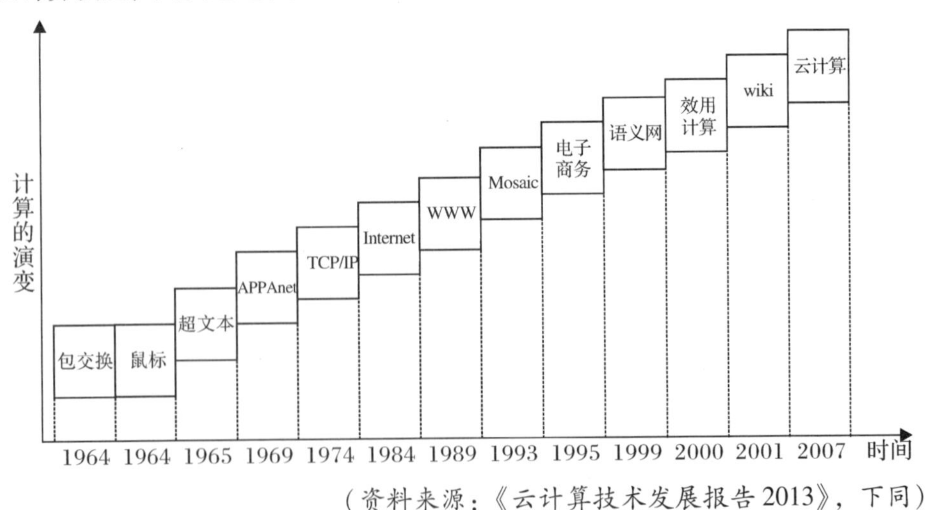

（资料来源：《云计算技术发展报告 2013》，下同）

图 15－2 从图灵计算到云计算的演化

（2）云计算服务模式

云计算的服务可分为基础设施即服务（Infrastructure as a Service，IaaS）、

平台即服务（Platform as a Service，PaaS）以及软件即服务（Software as a Service，SaaS）3 种模式。云计算服务类型如图 15－3 所示。

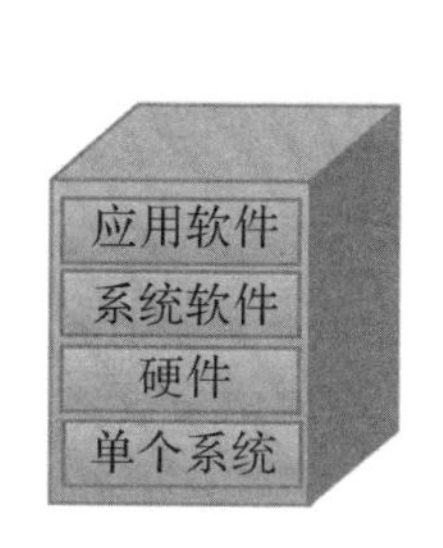

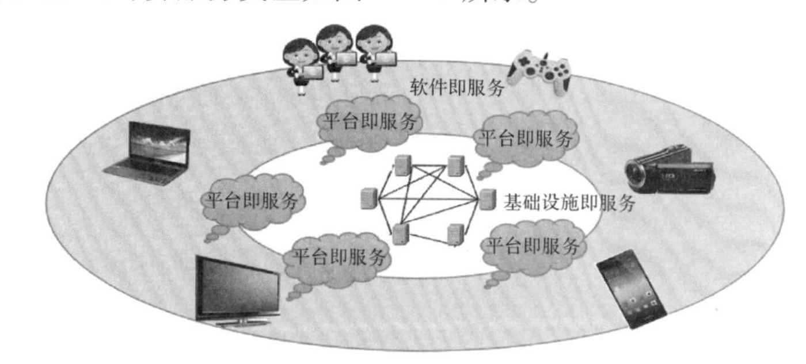

图 15－3 云计算服务类型

①基础设施即服务。IaaS 通过网络作为标准化服务提供按需付费的弹性基础设施服务，其核心技术是虚拟化。可以通过廉价计算机达到昂贵高性能计算机的大规模集群运算能力。

②平台即服务。PaaS 把端到端的分布式软件开发、测试、部署、运行环境以及复杂的应用程序托管当作服务，通过互联网提供给用户，其核心技术是分布式并行计算。

③软件即服务。SaaS 是一种通过 Internet 提供软件的模式，客户无须购买软件，而是租用服务商运行在云计算基础设施上的应用程序，客户不需要管理或控制底层的云计算基础设施，甚至单个应用程序的功能。该软件系统各个模块可以由每个客户自己定制、配置、组装，以得到满足自身需求的软件系统。

（3）云计算的特征

①按需自助式服务（on－Demand Self－Service）。消费者无须同服务提供商交互就可以自动地得到自助的计算资源能力，如服务器的时间及网络存储等。

②广泛的网络访问（Broad Network Access）。借助于不同的客户端通过标准的应用对网络进行访问。

③资源池（Resource Pooling）。根据消费者的需求来动态地划分或释放不同的物理和虚拟资源，这些池化的供应商计算资源以多租户的模式提供服务。

④快速弹性使用（Rapid Elasticity）。对资源快速和弹性提供弹性释放的能力。

⑤可度量的服务（Measured Service）。云计算系统对服务类型通过计量的方法来自动控制和优化资源使用（如存储、处理、带宽以及活动用户数等）。

⑥可扩展性（Scalability）。用户随时随地可以根据实际需求，快速弹性地请求和购买服务资源，扩展处理能力。

⑦宽带网络调用（Broadband Network Calls）。用户使用各种客户端软件，通过网络调用云计算资源。

⑧可靠性（Reliability）。自动检测失效节点，通过数据的冗余能够继续正常工作，提供高质量的服务，达到服务等级协议要求。

（4）云计算对电子信息产业的影响

①电子信息产业面临重大转型。云计算使海量数据管理和计算、低成本的海量数据处理、采用低廉硬件获取高端计算能力成为可能；IT 资源变为公共服务、新兴企业的崛起等成为可能。

②软件产业结构面临调整。随着 Web 2.0 的发展，网民成为信息内容的提供者，基于内容的信息服务业所占比重越来越大，同时，云计算端设备的丰富多彩要求嵌入式软件更加个性化和柔性化，因此，软件产业结构面临调整。软件企业发展线路图如图 15－4 所示。

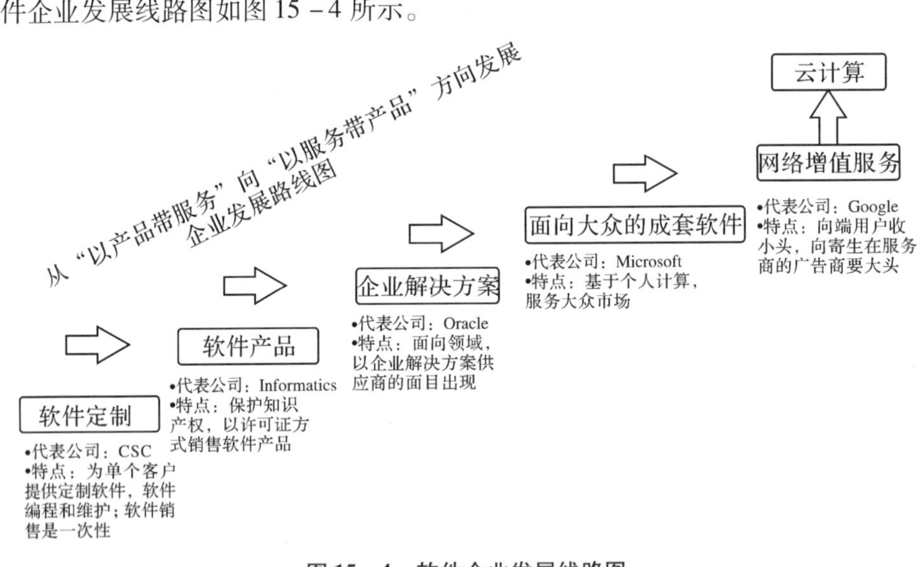

图 15－4 软件企业发展线路图

③软件生产组织方式面临变革。在软件开发组织模式方面，出现各类开源、开放的软件合作开发社区；在软件部署更新方面，更贴近用户实时需求与在线演化；在线软件服务的重用提高了开发效率。

④端设备产业加速变革。在云计算环境下，“云端”才是云服务呈现和交互的窗口，为了满足大众的个性化需求，必然催生多种多样的云端设备。

⑤电信产业的“纠结”与发展机遇。云计算助力电信运营商从通信管道运营到信息服务运营、助力电信运营商从粗放经营到集约经营、助力电信运营商

从投资密集到知识密集。

（5）云计算的价值

①助力互联网和物联网。互联网将信息互联互通，物联网将实现世界的物体通过传感器和互联网联结起来。只有云计算，才能在大规模用户聚集的情形下提供高可用性的服务，云计算也是物联网发展的基础资源和管理分析平台。

②推动了产业向服务业的转化。云计算推动了IT产业向服务业转型、推动现代服务业发展、加速信息化和工业化融合、催生崭新的商业模式、产生众多信息服务提供者。

③促进绿色计算。“绿色计算”特指人们降低其使用的信息技术硬件能耗的能力。在过去5年间，数据中心所消耗的电能出现了翻番的增长，采用云计算可以大大降低耗能的增长，促进“绿色计算”。

（6）云计算在互联网虚拟脑中的映射

大脑的中枢神经系统有控制和调节整个机体活动的功能。在互联网虚拟大脑的架构中，互联网虚拟大脑的中枢神经系统将互联网的核心硬件层、核心软件层和互联网信息层统一起来为互联网各虚拟神经系统提供支持和服务。从定义上看，云计算与互联网虚拟大脑中枢神经系统的特征非常吻合。云计算在互联网虚拟大脑框架中的位置如图15－5所示。

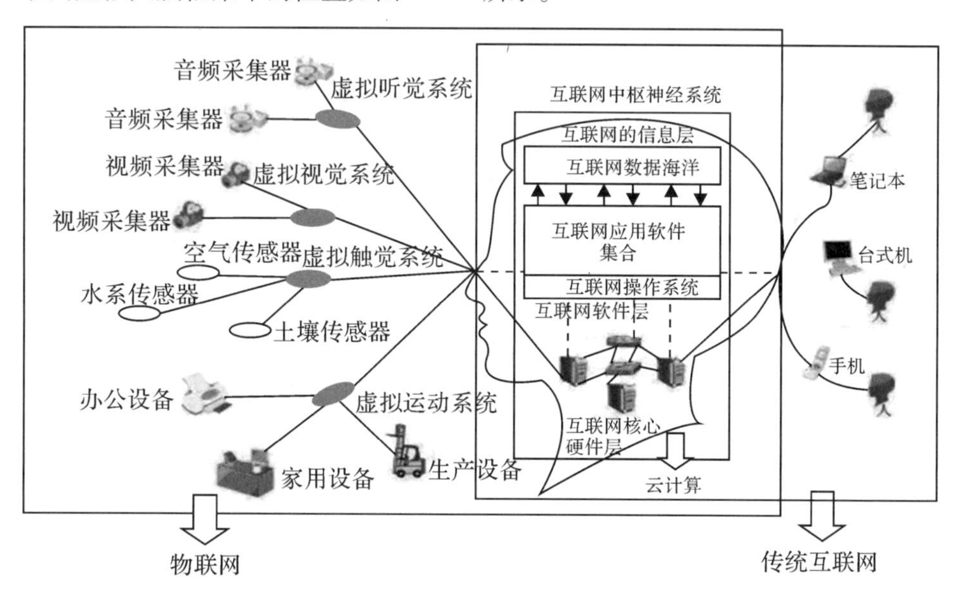

（资料来源：《互联网进化论》）

图15－5　云计算在互联网虚拟大脑中的映射

（7）云计算与网格计算、超级计算的差别

①云计算与网格计算的差别。网格计算是“many for one（多为一）”，即多台计算机为一个科学计算任务服务；而云计算则是“one for many（一为多）”，即一个云计算中心为大量互联网用户服务。它们的具体差异如表15－3所示。

表15－3　云计算与网格计算的差异

云计算	网格计算
集群计算为主	并行计算为主
承认异构	屏蔽异构
完成持久性、多样化的服务	完成一次性、特定的任务
商业式运营	协作式运营
人机交互、群体智能	确定的交互

（资料来源：《云计算技术发展报告2013》，下同）

②云计算中心不等同于超算中心。超算中心中的并行计算需要采用特定的编程范例来执行单个大型计算任务或者运行某些特定的应用，而云计算对用户的编程模型和应用类型等没有特殊限定，用户不再需要开发复杂的程序，就可以把他们的各类企业和个人应用迁移到云计算环境中。超算的计算资源往往集中在单个数据中心的若干台机器或集群上，而云计算中资源的分布更加广泛（扩展到了多个不同的地理位置，资源利用率更高）。

（8）云计算的常见应用

云计算是一种典型的网络计算，云计算不仅仅是个概念，简单的云计算早已存在于我们的身边。如①Webmail服务；②网络搜索服务；③电子商务服务；④位置服务；等等。

二、云计算的核心技术

1．云计算的任务

云计算面临大量复杂的计算任务，包括：服务计算、变粒度计算、软计算、不确定性计算、人参与的计算以及物参与的计算等。

（1）服务计算

在互联网逐渐走向高度发达、云计算技术和理念逐渐走向实用和完善的趋势下，软件的知识产权、硬件、更高配置的系统等都将从“为我所有”转变到“为我所用”，用户只需购买相应的信息服务，而不是购买实现服务的软硬件渠道和手段，即通过网络中的服务获取自己所需的相应服务。

①计算资源以服务形式提供。人们经常将云计算与电力系统类比，云服务与水电服务类比如表 15 –4 所示。

表 15 –4　云服务与水电服务类比

		云服务	水电服务
不同点	形式	丰富（多样化和多粒度）	统一
	功用	个性化（价值因受众而异）	通用
	损耗	信息不会损失	一次性使用
	用户角色	双重（消费者、提供者）	单一（消费者）
	传送	双向，不受时空限制	单向受地理位置限制
	控制	全局规划，无统一调度	全局有规划，有统一调度
	经济性	边际成本递减	边际成本递增
相同点		资源在网上，而不在用户端。依靠传输网络送达。按需付费，计量服务	

②服务按需即取。在网络化和服务化背景下，软件生产的主要目标是实现满足个性化与多元化大众需求的规模化定制。大众用户对软件服务的定制需求既有共性的一面，也有个性化的一面，如图 15 –6 所示。

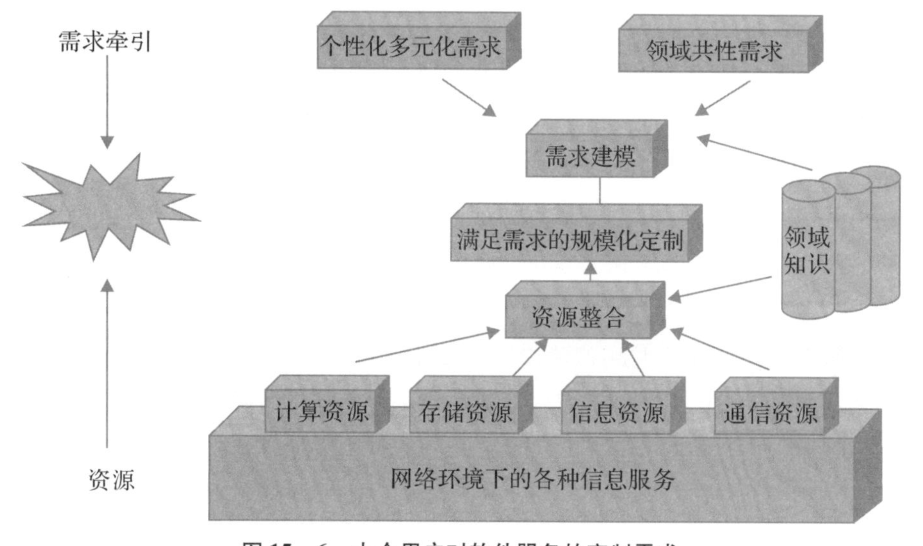

图 15 –6　大众用户对软件服务的定制需求

③云计算服务的“生态循环”。互联网上各种信息服务资源的生态循环可用水的循环来比喻，云计算服务的“生态循环”如图 15－7 所示。

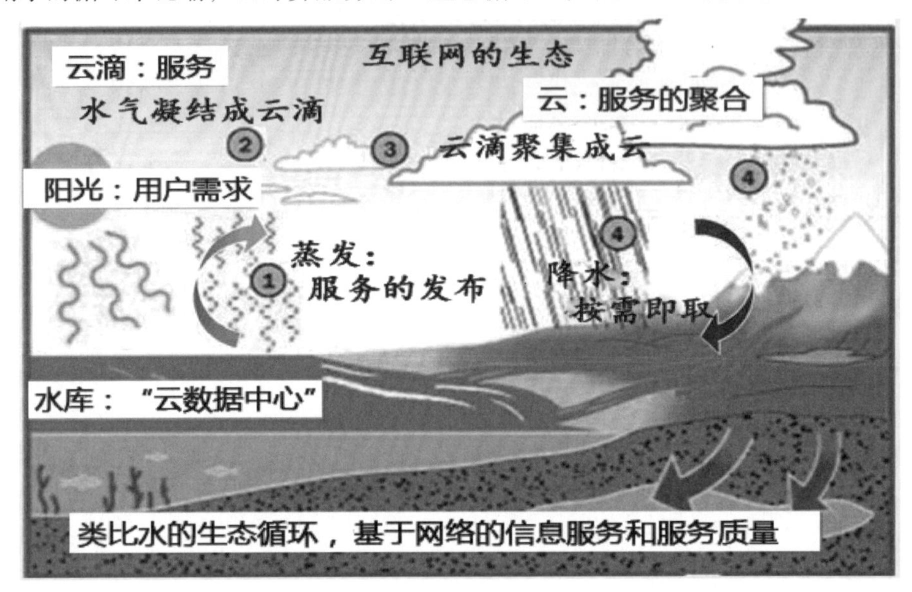

图 15－7 云计算服务的“生态循环”

（2）变粒度计算

随着服务的社会化、集约化及专业化，为了满足个性化和多元化的服务需求，越来越多地需要变粒度计算。变粒度计算是云计算需要面临的任务。

（3）软计算

区别于传统的数值计算、精确计算等“硬计算”，软计算完成在特定语境条件下，根据上下文关系和语法，形成对语构和语义的理解，在计算机的历史上曾被称为词计算（Computing with Words）。

（4）不确定性计算

不确定性在云计算过程中广泛存在，主要表现在计算任务描述、计算数据、计算方法以及计算结果评价的不确定性。

（5）人参与的计算

按照人与云交互的发起主动性，大致可将云计算中人参与的计算活动分为人机交互、机人交互以及人人交互等方式。人参与的计算促进了云计算的发展，如图 15－8 所示。

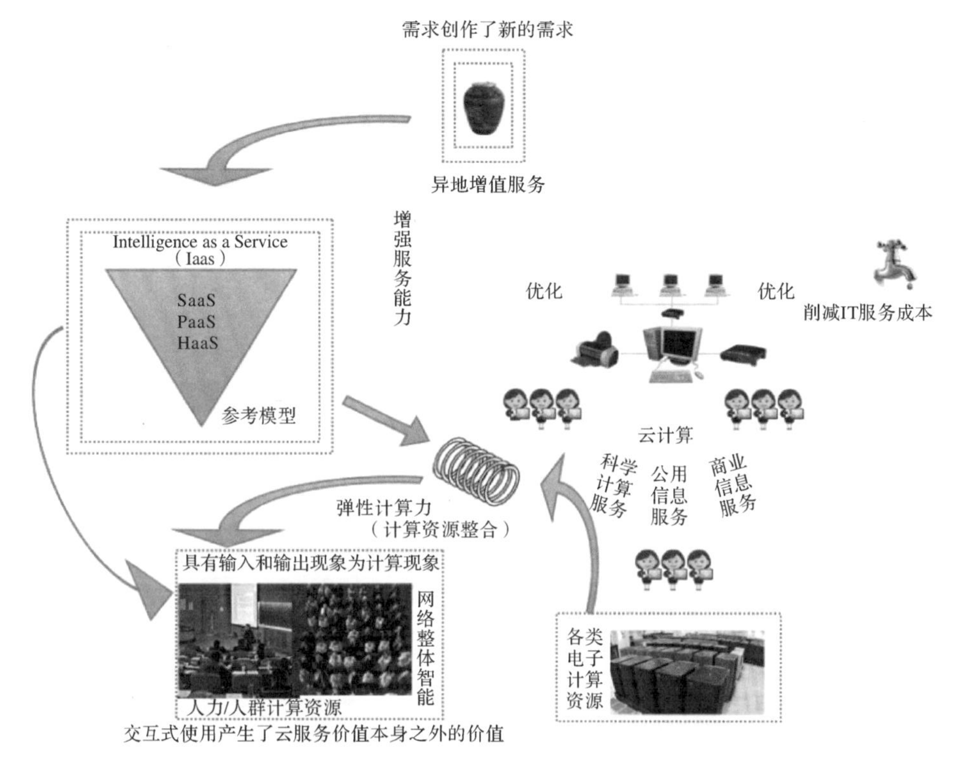

图 15－8　人参与的计算促进云计算的发展

（6）物参与的计算

用信息和信息技术精确调控物质和能量，感知、认知和控制变得尤为重要。深入物理世界的物联网、作为社会基础设施的云计算是目前信息技术研究的热点，形成了物参与的计算。

2. 云计算体系结构

云计算体系结构由以下 5 个主要部分构成。

（1）资源层

资源层包括：①物理资源，是指支撑云计算上层服务的各种物理设备；②服务器服务，为用户提供一个服务器环境（如 Windows、Linux 或者是一个集群）；③网络服务，如防火墙、VLAN 以及负载均衡等；④存储服务，如文件级或块设备级存储。

（2）平台层

平台层包括：①数据库服务，为用户提供可扩展的数据库处理能力；②中间件服务，为用户提供可扩展的消息中间件或事务处理中间件等服务。

（3）应用层

应用层包括：①企业应用服务，如财务管理、客户管理以及商业智能等；②个人应用服务，如电子邮件、文本处理以及个人信息存储等。

（4）用户访问层

包括：①服务目录，用户可以从中选择需要使用的云计算服务；②订阅管理，用户可以查阅自己订阅的服务，或者终止订阅的服务；③服务访问，是针对每种层次的云计算服务提供的访问接口。

（5）管理层

包括：①安全管理；②服务组合；③目录管理服务；④服务使用计量（计费）；⑤服务质量管理；⑥部署管理；⑦服务监控。

3. 云计算关键技术

（1）虚拟化技术

虚拟化是实现云计算最重要的技术基础，虚拟化技术实现了物理资源的逻辑抽象和统一表示。通过虚拟化技术可以提高资源的利用率，并能够根据用户业务需求的变化快速、灵活地进行资源部署。

（2）并行编程模型

MapReduce 是 Google 开发的 java 、Python 、C + + 编程模型，是一种简化的分布式编程模型和高效的调度模型，用于大规模数据集（≥1TB）的并行处理。云计算大都采用 Map - Reduce 编程模式。

（3）海量数据分布式存储技术

为保证高可用、高可靠及经济性，云计算采用分布式存储的方式来存储数据，用这种冗余存储的方式来保证存储数据的可靠性（同一份数据存储多个副本）。云计算系统中广泛使用的数据存储系统有 Google 的 GFS 等。

（4）海量数据管理技术

云计算需要对分布的、海量的数据进行处理和分析，因此，数据管理技术必须能够高效地管理海量的数据。云计算系统中的数据管理技术主要是 Google 的 BT（BigTable）数据管理技术和 Hadoop 团队开发的开源数据管理模块 HBase。

（5）云计算平台管理技术

云计算系统的平台管理技术能够使大量的服务器协同工作，方便地进行业务部署和开通，快速发现和恢复系统故障，通过自动化、智能化的手段实现大规模系统的可靠运营。

（6）云计算实现技术阵营分析

对 IaaS 技术阵营的划分可以有多个维度，在此主要从 OS 平台和技术实现架构两个维度进行分析。从 OS 角度看，IaaS 技术可分为基于 Linux 的虚拟化和基于 Windows 的虚拟化这两大阵营；PaaS 技术可以划分为以 Google AppEngine 为代表的“纯云”和以 Microsoft Azure 为代表的“云 + 端”两大阵营。

4．云计算的安全问题

云计算作为下一代互联网的基本架构，与信息安全之间相互影响、相互作用。一方面，信息安全成为云计算发展中的重要因素；另一方面，云计算模式也为信息安全提供了一些有效的手段。

（1）云安全与传统网络安全的区别

云计算安全与传统信息安全并无本质区别，但由于云计算自身的虚拟化、无边界以及流动性等特征，使得其面临较多新的安全威胁；同时，云计算应用导致 IT 资源、信息资源、用户数据及用户应用的高度集中，带来的安全隐患与风险也较传统应用高出很多。

（2）云安全常见问题

云计算所带来的新兴安全问题主要包括以下几个方面：云计算资源的滥用、云计算环境的安全保护、云服务供应商信任问题、双向及多方审计以及系统与数据的备份等。

（3）云安全的研究方向

云安全的研究方向主要有：云计算安全、网络安全设备、安全基础设施的“云化”以及云安全服务。

（4）云安全的标准化组织

云安全研究还处于起步阶段，业界尚无相关标准。但已有 70 个以上的业界组织正在制定云计算相关标准，其中超过 40 个业界组织宣称包含了与安全相关的议题。

三、云计算发展现状

1．云计算总体发展

（1）全面推进

我国云计算持续快速发展，产业规模不断扩大，年增速远超过国际水平，创新能力显著增强，新服务、新业态不断涌现，产业链日趋完善，产业环境不断优化。2013 年，我国公有云计算市场规模超过 50 亿元，增长率超过 40%。

（2）国内外企业竞争加剧

2013 年，亚马逊、IBM、微软等跨国企业的公有云服务纷纷入华，加速抢夺网络、PPTV 和蓝汛通信等本土客户，观致汽车将其 QorosQloud 业务（除移动客户端以外的所有开发、测试工作）都放在 Windows Azure 云端完成。

（3）用户数量迅猛增长

2013 年，随着云计算产品服务不断创新、应用加速落地，企业和个人用户的数量都实现了迅猛增长。百度、腾讯、奇虎等企业的云服务平台聚集用户均已超过 1 亿，阿里和金蝶云服务支持的中小企业数量超过 70 万家。

（4）地方政府重视云计算

2013 年，地方政府继续对发展云计算保持高度热情，我国累计已有 30 多个省市发布了云计算战略规划、行动方案或实施工程。如天津市在国民经济和社会发展计划中提出重点发展云感知、云计算、云存储、云安全、云方案以及云灾备产业。

（5）公共云服务领域发展迅速

2013 年，我国进军公共云服务领域的企业进一步增多。腾讯继阿里和百度之后，正式进入开发者云市场；华为旗下云服务业务正式商用；中国电信和中国联通正式推出名为“天翼云”和“沃云”的云计算品牌，推出云存储等面向用户的全系列产品。

（6）位置服务接地气

位置服务已成为最接地气的云服务。中国位置平台拥有雄厚的基础设施和云计算机资源，集结了系统开发与集成、高精度定位技术、数据库存储与管理、空间分析、网络智能搜索等增加位置服务信息附加值的前沿技术，将利用自身的优势，建成具有中国特色的导航位置服务系统。

（7）企业信息化的焦点

云计算已经成为企业信息化的焦点，目前已有 60% 的中小企业使用了云服务，其中 72% 的企业将他们的重要数据存放在虚拟化服务器中。

2. 云计算典型特点

（1）进入实质发展

云计算提出之初让众多人感到缥缈。8 年之后，中国云计算已从概念宣传阶段进入实质性发展阶段。

（2）私有云转向公有云

中国云计算目前正处于私有云的研发试验阶段，计划向公有云转变，私有云、公有云以及混合云协调发展。

（3）中小企业驱动云发展

云计算可以有效地解决中小企业信息化面临的主要问题，使中小企业轻松跨越包括资金、技术、人才等在内的信息化门槛。中小企业信息化成为公有云发展的核心驱动力。

3. 国内云计算实践

（1）国内国外发展趋于同步

2013 年，云计算已经深入实践 ，国内国外发展趋于同步。在整个云计算产业中，IaaS、PaaS 和 SaaS 这样的学术性分类的界限日渐模糊。未来将出现私有云、公有云以及混合云的统一管理平台。

（2）融合现象更为明显

国内，融合现象更为明显，云生态系统会取代传统三类划分。其中，云平台提供商（阿里云及百度云等）和云应用服务提供商（蓝汛、瑞星等）逐渐成为生态系统主流。

（3）政府云计算案例

黄河三角洲云计算中心平台是开发测试服务平台和未来的各种电子政务、数字化城市、公共医疗以及企业 OA（办公自动化）服务等应用服务的部署平台。

（4）电信运营商云计算案例

通过 IBM 的云计算解决方案，贵州移动构建了一个资源共享、集中管理、动态管控的智慧 IT 基础架构。实现服务的快速交付和应用的快速部署。

（5）教育云案例

北京工业大学采用 IBM 云计算搭建新的高性能计算平台，统一管理软硬件资源，提供良好的扩展性，支持按需变化的运算模式。

（6）企业案例

企业案例包括汽车维修设备制造商案例、Doers 管理咨询公司实施 SaaS 案例、云计算的商业案例以及用友 SaaS 典型应用案例。

四、云计算发展趋势与应用前景

1. 云计算总体发展趋势

（1）步入快速成长新阶段

我国云计算将结束发展培育期，步入快速成长的新阶段。技术创新步伐不断加快，产业结构不断优化，市场需求空间不断扩大，产业规模快速增长，新的产业格局正在形成。

（2）云计算新现象

一些新现象正引起人们的关注，包括国内市场竞争带来产业格局变革、开源技术、移动互联网等新型业态与云计算深度融合的趋势更加明显以及城市云建设将迅速发展。

（3）信息服务基础设施领域影响扩大

未来云技术在信息服务基础设施领域的影响力将继续扩大，同时，SaaS 的安全性和平台的独立性将会越来越完善。

（4）云计算产业规模将持续增长

2014 年，我国云计算产业规模将持续增长，产业规模有望超过 80 亿元。

2. 云计算发展趋势

（1）混合云

混合云架构结合了私有云的安全性和公有云的功能强、可扩展和高性价比的优势，会促使企业将业务架构在混合云计算平台上，有望取代目前企业正在使用的公有云或私有云。

（2）工业互联网

智能机、大数据分析和终端应用程序的解决方案将渗透到各个主要行业。云计算将会在新一代可以远程控制的智能机开发中扮演十分重要的角色。工业互联网会有一个新的转变。

（3）Web 端应用

famo. us 通过 JavaScript 给 Html5 赋予了新的生命，Web 端将会成为云计算应用开发的主要平台。

（4）企业信息化中的 BYOD 及个人云

BYOD（Bring Your Own Device，携带个人设备办公）已经渗透到企业的办公环境中。作为用户，企业人员希望将更多的私有数据与个人云服务器结合，企业的 IT 管理人员也在设法通过一些技术在企业环境中结合个人云服务。

（5）PaaS 持续增长

未来几年，越来越多的公司将会寻求 PaaS 作为企业业务开发解决方案。PaaS 在降低企业开发成本的同时，可加快企业开发应用程序的速度。IDC 指出，到 2017 年，PaaS 市场份额将从 38 亿美元增长到 140 亿美元。

（6）图形即服务

运行高质量的图像类应用程序对硬件设备的要求非常高，但是云计算可以改变这一切。图形即服务（Graphics as a Service，GaaS）前景广阔。

（7）云身份管理

云服务易访问、使用方便、功能强大且可扩展，企业正是由于云计算的这些优势才开始使用一些基于云计算的应用程序。未来云身份管理将会是身份管理解决方案中的一个新的安全模式。

（8）地方城市云计算建设进入攻坚阶段

2014 年，我国云计算发展面临新的形势，政府重视程度持续增加，指导性政策即将出台。市场需求空间不断扩大，步入快速成长新阶段，地方城市云计算建设进入攻坚期。

（9）云计算市场空间进一步扩大

人们对各种关系到日常生活、工作及娱乐的云服务需求不断增加，预计将有个人用户数超过 2 亿的云服务企业出现。我国云计算市场空间将进一步扩大，用户数量将加速增多。

（10）国内外企业竞争加剧

中国将成为全球竞争最为激烈的云计算市场之一。亚马逊、IBM 及微软等跨国企业将继续加速进入中国市场。国内以百度、腾讯、阿里巴巴为代表的互联网服务企业，华为、中兴及用友等传统软硬件企业等将继续发力，国内市场竞争将愈加激烈。

（11）大众共同参与软件开发

在云计算的大环境下，用户既是软件的使用者又是软件的开发者，大众共同参与软件开发将越来越多地得以实践。

（12）软件工程的变化

在过去的几十年里，软件工程经历了面向过程、面向对象、面向领域、面向服务各阶段，目前以面向服务成为主流发展方向。

（13）面向主机转向面向网络与需求

软件工程一改长期以来面向机器、面向语言、面向中间件以及面向实现等面向主机的形态，逐渐转为面向需求、面向网络及面向服务。

（14）面向服务的软件开发

云计算提供了软件即服务的商业模式，面向大众的服务需要各种个性化的软件支持，面向服务的软件开发将是未来重要的研究方向。

（15）网络端设备促进云成功

云计算的成功，应该是云加端的完美组合。目前终端产业已经出现百花齐放的局面。网络端设备将促进云成功。

（16）语音识别与交互

人机交互方式经历了键盘、鼠标、触摸以及手势等方式，最终将实现语音识别与交互。语音识别与交互技术将成为云计算研究中的热点。

（17）产业结构呈现软化趋势

云计算产业结构在不断优化，服务环节在云计算产业链中的比重持续增大，产业链呈现软化趋势。

（18）服务比重持续增大

面向中小企业的 IaaS 和 SaaS 服务，以及地理、交通、金融等领域的个人应用将快速发展，这使得服务环节在云计算产业链中的比重持续增大。

（19）市场细化重视培训

公共、私有以及混合云市场将进一步细化，客户们也将通过更多培训深入掌握云应用。

（20）人力资源与营销工作借力技术创新

人力资源与营销部门通常位于技术普及优先列表中的垫底位置，而且他们也很难让自己的需求得到 IT 部门的共鸣与认同。然而在云计算领域，整个流程完全颠倒了过来，人力资源与营销部门将与业务部门拥有同样的优先权利。

（21）CIO 成为云计算推动者

CIO（Chief Information Officer，首席信息官）是一种新型的信息管理者。随着 IT 部门定位的变化以及逐步脱离传统的“守门人”角色，CIO 也需要重新审视自身的工作内容，使其不得不改造自身并调整自身的作用，CIO 将变身成为云计算推动者。

（22）小型企业也能使用大型软件

云计算将软件及应用程序采购流程的民主化特性提升到了全新高度，如今即使是规模最小的企业也完全有机会使用足以改变游戏规则的大型解决方案。

（23）以应用程序为中心的软件开发

云计算已经建立起一整套市场环境，在这里，硬件环节大幅缩减、软件环境不断增加，解决方案将作为一种服务提供。软件开发向以应用程序为中心的软件开发方案转移。

（24）供应商加大云发展力度

鉴于移动特性的常态化以及由此带来的丰富的媒体内容，云计算也将做相应调整。将软件与服务添加到云环境下将成为各云服务供应商争夺客户的主要卖点，供应商将进一步加大云发展力度。

（25）云智能时代即将来临

随着数据在消费者与设备两种层面上的分布特性逐渐增强，将数据迁移到云环境中变得愈发具有吸引力。2014 年起，云计算的涵盖范围从分析方案创建模块到完整的一站式服务无所不包，云智能时代即将来临。

（26）M2M 正当其时

M2M 通信，将以一种颠覆性的方式改变我们的世界，接入设备的总数量已经远远超过全世界的人口总量，大量问题需要解决，云计算将为这场变革起到重要的推动作用。

（27）云计算与 CDN 界限模糊、网络作用加大

网络继续成为焦点，“边缘”计算已引起了人们的广泛兴趣，云计算成为一种更有效的内容交付方式。云和 CDN（分布式内容）之间的界限将继续变得模糊，在不同地理位置上运行云将变得重要；将现有网络集成到云工作流，使其更具运营效率，并能够迅速、快捷地满足变化需求，网络作用不断加大。

（28）开源迎来黄金发展期

随着处理事物规模的剧增，多数客户已无法忍受昂贵的许可费用，促使人们转向开源。IT 上的束缚越来越少，开源从替代解决方案迎来黄金发展阶段。

3. 云计算应用前景

（1）云计算应用热点领域

云计算必将成为未来中国重要行业领域的主流 IT 应用模式，为重点行业用户的信息化建设与 IT 运维管理工作奠定核心基础。云计算未来主要应用热点领域如图 15－9 所示。

（资料来源：中安顾问）

图 15－9　云计算的主要应用热点领域

（2）医药医疗领域

医药企业与医疗单位一直是国内信息化水平较高的行业用户，在“新医改”政策推动下，医药企业与医疗单位将对自身信息化体系进行优化升级，以适应医改业务调整要求。以“云信息平台”为核心的信息化集中应用模式将孕育而生，逐步取代目前各系统分散为主体的应用模式，进而提高医药企业的内部信息共享能力与医疗信息公共平台的整体服务能力。

（3）制造领域

随着“后金融危机时代”的到来，制造企业的竞争将日趋激烈。未来云计算将在制造企业供应链信息化建设方面得到广泛应用，特别是通过对各类业务系统的有机整合，形成企业云供应链信息平台，加速企业内部“研发—采购—生产—库存—销售”信息一体化进程，进而提升制造企业竞争实力。

（4）金融与能源

金融、能源企业一直是国内信息化建设的“领军性”行业用户，在未来3年，中石化、中保、农行等行业内企业信息化建设将进入“IT资源整合集成”阶段，云计算模式将成为金融、能源等大型企业信息化整合的“关键武器”。

（5）电子政务

未来，云计算将助力中国各级政府机构“公共服务平台”建设。目前，各级政府机构正在积极开展“公共服务平台”的建设，努力打造“公共服务型政府”的形象。为此，需要通过云计算技术来构建高效运营的技术平台，其中包括：利用虚拟化技术建立公共平台服务器集群、利用PaaS技术构建公共服务系统等。

（6）教育科研

未来，云计算将为高校与科研单位提供实效化的研发平台，为科研与教学工作提供强大的计算资源，进而大大提高研发工作效率。

（7）电信

在国外，Orange、O2 等大型电信企业除了向社会公众提供 ISP 网络服务外，也作为云计算服务商，向不同行业用户提供 IDC 设备租赁及 SaaS 产品应用服务。未来，国内电信企业将成为云计算产业的主要受益者之一，从提供的各类付费性云服务产品中得到大量收入。通过对国内不同行业用户需求分析与云产品服务研发、实施，打造自主品牌的云服务体系。

（8）其他领域

云计算在网络安全领域、广播电视、下一代导航、位置产品、军事、交通、农业、商业、环保以及大众娱乐等众多领域的应用前景都十分广阔，将给个人、企业尤其是中小企业带来巨大的经济价值和社会价值。

（9）云计算迎来黄金发展期

云计算被视为科技业的下一次革命，它将带来工作方式和商业模式的根本性改变。当前，中国正处于互联网高速发展期以及两化融合（工业化和信息化融合）期，参考 Gartner 技术成熟曲线（参见图 14－4），可以预见云计算将迎来黄金发展期，具有无限广阔的应用前景。

云计算作为具有颠覆性意义的新兴产业，未来发展潜力巨大、影响深远，云计算被看作继个人计算机、互联网之后的第三次 IT 浪潮。“云”已经成为 ICT 技术和服务领域的“常态”。产业界对待云计算不再是抱着疑虑和试探的态度，而是越来越务实地接纳它、拥抱它，不断去挖掘云计算中蕴藏的巨大价值。

五、知识卡片（十五）杨芙清

杨芙清（1932. 11. 06—　），女，计算机软件科学家和教育家，中国科学院院士，IEEE Fellow。1958 年北京大学数学力学系研究生毕业，现任北京大学信息科学技术学院教授，北京大学信息与工程科学学部主任，软件工程国家工程研究中心首席科学家，软件与微电子学院理事长、名誉院长。长期从事系统软件、软件工程、软件工业化生产技术和系统等方面的教学与研究工作。主持研制成功我国第一台百万次集成电路计算机多道运行操作系统和第一个全部用高级语言书写的操作系统。倡导和推动成立北京大学计算机科技系，在国内率先倡导软件工程研究，创办了国内第一个软件工程学科；创建了软件工程国家工程研究中心。提出“人才培养与产业建设互动”的理念，创建了以新机制、新模式办学的示范性软件学院。为我国计算机科学技术发展、学科建设和软件产业发展做出了重要贡献。荣获 2011 年第二届 CCF 终生成就奖。

第十六章　大数据

跟随移动互联网、物联网和云计算前行的脚步，大数据（Big Data）呼啸而来，大有后来者居上之势。大数据“实实在在”就存在于我们的身边，一经提出就很快引起各界有识之士的高度重视，正以排山倒海之势迅速崛起。大数据开启了一次重大的时代转型，就像望远镜让人们能够感受宇宙、显微镜让人们能够观测微生物一样，大数据正在改变我们的生活以及理解世界的方式，成为新发明和新服务的源泉，其更大的价值有待于人们去发现去挖掘。在这次云计算与大数据的新变革中，中国与世界的距离最小，在很多领域甚至还有创新与领先的可能。只要我们以开放的心态、创新的勇气拥抱“大数据时代”，就一定能抓住历史赋予中国创新的机会。

一、大数据概述

1. 大数据的定义

（1）美国国家标准与技术研究院（NIST）的定义

大数据是一个模型，该模型可以方便地按需访问可配置的计算资源（如网络、服务器、存储设备、应用程序以及服务等）的公共集。这些资源可以被迅速地提供并发布，同时最小化管理成本或服务提供商的干涉。

（2）麦肯锡的定义

大数据是指所涉及的数据集规模已经超过了传统数据库软件获取、存储、管理和分析的能力。这是一个被故意设计成为主观性的定义，并且是一个关于多大的数据集才能被认为是大数据的可变定义。

（3）IBM 的定义

最初用 3 个特征来定义大数据：数量（Volume）、种类（Variety）和速度

（Velocity），或简称为 3V 或 V3，即庞大容量、极快速度和种类丰富的数据，后来又加入了第四个 V—Veracity（真实和准确）。

（4）国际数据中心（IDC）的定义

大数据是为了更经济地从高频率获取的、大容量的、不同结构和类型的数据中获取价值而设计的新一代架构和技术。

（5）Gartner 咨询公司的定义

大数据是指需要新处理模式才能具有更强的决策力、洞察发现力和流程优化能力的海量、高增长率和多样化的信息资产。

（6）笔者归纳的定义

大数据是指需要用特殊方法才能顺利处理的多种结构海量数据以及相关技术。

2. 大数据的发展历程

（1）大数据时代的到来

根据 IDC 统计，数字信息规模从 2006 年到 2011 年增长了 10 倍，如图 16-1 所示。2012 年年初，麦肯锡最早使用今天为大家理解的“大数据”概念，开启了一个大规模生产、分享和应用数据的时代。

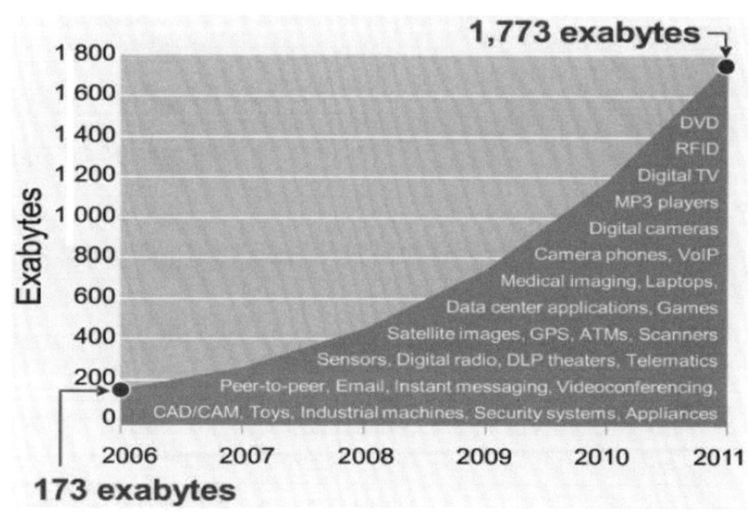

（资料来源：http：//qing. blog. sina. com. cn/tj/77df2a8d33003utk. html）

图 16-1　全球数字信息 5 年增长 10 倍

（2）大数据的发展历程

大数据的发展经历了概念提出与酝酿阶段、概念延伸及快速发展阶段，其发展历程如表 16-1 所示。

表 16－1　大数据的发展历程

阶段	时间	人物/机构	事件	意义
概念提出与酝酿（1980—2008 年）	1980 年	著名未来学家托夫勒	提出了“大数据”的概念	由于时代所限，并没有得到应有的重视
概念延伸阶段（2008—2011 年）	2008 年	《自然》	出版《大数据》	介绍海量数据对网络经济学等方面的挑战
	2011 年	《科学》	出版《数据处理》	讨论数据洪流带来的挑战
	2011 年	美国麦肯锡公司	提出“大数据”概念	开启了大数据时代
快速发展阶段（2012 年至今）	2012 年 3 月	奥巴马政府	投资 2.5 亿美元用于大数据	大数据受到国家层面关注
	2012 年 4 月	欧洲信息学与数学研究协会	出版《大数据》	讨论大数据时代的数据管理等问题
	2012 年 5 月	李德伟、徐　立	《大数据开发将推动世界社会经济新一轮大发展》	中国首份大数据报告
	2012 年 11 月	美国《时代》周刊	撰　文	数据挖掘为奥巴马连任立功
	2012 年 12 月	《中国科学院院刊》	李国杰和程学旗撰文	《大数据研究：大数据的研究现状与科学思考》
	2013 年 1 月	麦肯锡咨询	《大数据在医疗领域的价值创新与革命》	说明大数据节省医疗成本
	2013 年 2 月	美国国防预研计划局	向大数据公司提供每月 300 万美元的经费	开发大型多维度数据集交互搜索和可视化
	2014 年 6 月	美国白宫	2014 年度大数据白皮书	各国政府逐渐认识到大数据的重大意义
	2014 年 6 月	中国大数据研究院	落户长沙	建设国际一流的大数据科技创新基地
	2014 年 6 月	国防科技大学	中国天河二号巨型机	可高效支撑大数据处理

（资料来源：公开数据整理）

（3）中国大数据技术大会

中国大数据技术大会（Big Data Technology Conference，BDTC）是目前国内最具影响、规模最大的大数据领域盛会。大会的前身是 Hadoop 中国云计算大会（Hadoop in China，HiC），自 2013 年起更名为中国大数据技术大会。历届大会主题如表 16－2 所示。

表 16－2　中国大数据技术大会

时间	大会主题	分论坛主题
2008 年 11 月	1st Hadoop Salon	
2009 年 5 月	2nd Hadoop Salon	
2009 年 11 月	挑战、协作、创新、社区	Hadoop 平台和生态系统、Hadoop 应用、云计算研究
2010 年 9 月	挑战、协作、创新、社区	Hadoop 开发社区与应用、云计算研究、Hadoop 教程
2011 年 12 月	海量数据掘宝	Hadoop 生态系统、大数据技术与应用、NoSQL 系统及应用、云计算研究
2012 年 11 月	大数据共享与开放技术	Hadoop 生态系统、大数据行业应用、大数据共享平台与应用、NoSQL 与 NewSQL、大数据的技术挑战与发展趋势

（资料来源：公开数据整理）

3. 大数据简介

（1）大数据的来源

大数据分为自然界大数据、生命大数据和社交大数据，主要来自物联网、社交网络和现实世界。

（2）大数据的特征

关于大数据的特征有多种描述，可表示为 5V 或 3I 特征。

①大数据的 5V 特征：

Volume（数量），表示数据集合的规模不断扩大，已经从 GB 到 TB 再到 PB，甚至已经开始以 EB 和 ZB 来计数。IDC 的研究报告称，未来 10 年全球大数据将增加 50 倍。

Variety（种类），表示大数据类型繁多，包括结构化、半结构化和非结构化数据。2012 年年末，非结构化数据占有比例已超过整个数据量的 75%。

Velocity（速度），表示产生速度快，处理能力要求高。根据 IDC 报告，预计到 2020 年，全球数据使用量将达到 35.2ZB，处理数据的效率就是企业的生命。

Value（价值），表示价值大，但密度低，挖掘难度大。价值密度的高低与数据总量的大小成反比，如何通过更迅速地完成数据价值“提纯”，成为亟待解决的难题。

Veracity（真实性），大数据必须借助计算机对数据进行统计、比对、解析方能得出客观结果。大数据必然要有真实性。大数据 5V 特征如图 16－2 所示 。

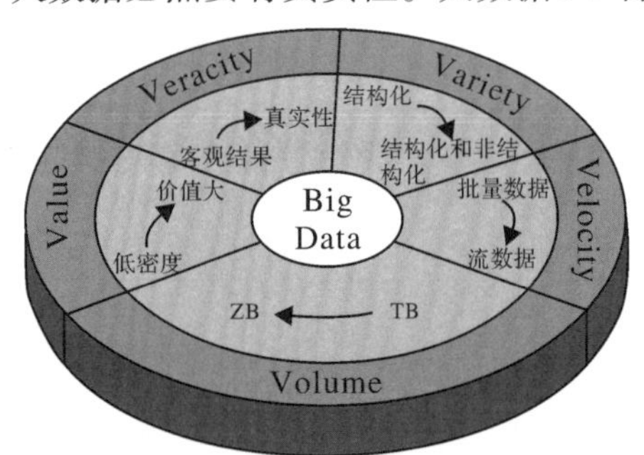

（资料来源：笔者整理）

图 16－2　大数据 5V 特征

②大数据的 3I 特征：

Ill－defined（定义不明确），随着技术的进步和数据分析效率的不断提高，符合大数据定义的数据规模也会相应地不断变大，因而并没有一个明确的标准。

Intimidating（令人生畏），表示从管理大数据到使用正确的工具获取它的价值，利用大数据的过程充满了各种挑战。

Immediate（即时），表示数据的价值会随着时间而快速衰减，这意味着能尽快地分析数据对获得竞争优势是至关重要的。

（3）大数据的价值

正如维克托·迈尔·舍恩伯格所说，大数据的真实价值如冰山一角，绝大部分隐藏在表面之下。未来，数据将成为人类的重要资产，是比石油和黄金更为重要的可重复开发使用的资源。大数据的价值可归纳为以下 5 点：①促进信息消费、加快经济社会转型；②关注社会民生、带动社会创新；③助力国家事务处理、推动工农业转型升级；④对商业企业的价值巨大；⑤拓宽科研视野、变革教育与人力资源管理观念。

（4）大数据的影响

①大数据与三个重大的思维转变相关：其一，要分析与某事物相关的所有数据，而不是依靠分析少量的数据样本；其二，乐于接受数据的纷繁复杂，而不再追求精确性；其三，不再探求难以捉摸的因果关系，转而关注事物的相关关系。

②大数据变革商业。大数据成为许多竞争力的来源，从而使整个行业结构发生改变。与工业时代不同，企业竞争力并不主要体现在庞大的生产规模上，更重要的是数据的规模。拥有的数据越多，取胜的概率越大。

③在改变人类基本的生活与思维方式的同时，大数据推动人类信息管理准则的重新定位。

④大数据开启了一次重大的时代转型。与其他新技术一样，大数据也必然要经历硅谷的技术成熟度曲线（如图 14－4 所示）。大数据将帮助人们更好地理解世界——大数据开启时代转型。

⑤大数据分析是对已经产生的数据进行分析，决策者需要根据市场的表现，以大数据为辅做出重要决定。

⑥大数据的核心就是预测。随着接收数据的增多，大数据预测未来的能力将更加凸显。

⑦大数据将深刻影响制造业、医疗、教育等各行各业。

4. 大数据产生的大背景

（1）信息基础设施持续完善

信息基础设施持续完善，为大数据的存储和传播准备了物质基础；网络带宽和大规模存储技术的高速持续发展，为大数据时代提供了廉价的存储和传输服务。

（2）数据资产的价值

互联网的出现，在科技史上可以比肩“火”与“电”的发明，构建了一个虚拟的信息世界。互联网领域的公司最早从大数据中淘金，并引领大数据的发展趋势。

（3）云计算对大数据的支撑

云计算是大数据技术诞生的前提和必要条件。没有云计算，就缺少了集中采集数据和存储数据的商业基础。云计算为大数据提供了存储空间和访问渠道，大数据则是云计算的灵魂和必然的升级方向。

（4）大量数据的涌现

物联网、社交网络和移动终端持续不断地产生大量数据，并且数据类型丰富，内容鲜活，是大数据的重要来源。

二、大数据相关技术

1. 大数据系统

（1）大数据系统的定义

大数据时代，数据无时无刻不在动态地反映着大自然的变化，也反映着人与人、人与组织、人与社会的各种关系。大数据的产生迫切需要一个有效的信息处理系统将数据汇集、对其分析和挖掘、将里面有价值的信息分离出来，能够使人们认清事物的本质，预测未来的变化趋势。将具有这些功能的信息处理系统称为大数据系统。

（2）设计目标

根据大数据的特点，在大数据的体系结构设计和各种功能设计上都要有与以往信息处理系统不同的目标要求，将其归纳为以下 4 点：

①能够存储随时间变化不断增长的数据；能够支撑多种数据类型的存储；存储时既能适应很大的数据个体，也能适应很小的数据个体。

②保证系统的数据规模不断增大时或数据量短时间内快速增长时，其处理速度不会受到影响，依然能够符合用户对响应速度的要求。

③必须提供并行服务的开发框架，让开发人员能够依据此框架迅速开发出面向大数据的程序代码，并可在动态分布的集群上实现并行运算。

④系统可以安装并运行在廉价的机器上，同时需具有将数量规模达百万台的廉价机器组成集群并协调工作的功能。

（3）系统的设计原则

大数据系统设计应遵守以下 5 项原则：①实用性；②可靠性；③安全性；④可扩展性；⑤完整性。

（4）系统的设计思想

①分层分域—主从模式。

分层分域是指把大的系统划分成多个小的系统来处理。主从模式是说明层间节点之间的“职责划分”的一种管理模式，主节点负责从节点工作任务的分布、从节点的状态监控，从节点负责任务的执行和工作状态的汇报。主从模式是指控制节点和数据计算节点之间采用主从模式。

②数据分布—以锁协同。

分布式是一种“包产到户、以空间换时间”的思路，将大数据分拆成对每一个计算节点正好发挥其处理能力的固定块，由多个处理节点来同时处理同属于一个逻辑整体的不同的物理部分。以锁协同主要是通过加锁的机制来解决数据记录“脏读”和“脏写”的问题。

③封装共性—并行处理—移动逻辑。

分布式开发最复杂的问题是处理代码的任务分发和并行处理间的协同以及处理完后的结果返回；封装共性是将任务的分发、并行处理和结果返回这些工作完全交由作业节点来完成。分布式开发代码的重点是完成分配数据的处理算法实现；移动逻辑是指将分布式代码由作业节点发送给每一个计算节点。

④指令流—数据流分离。

指令流是指主节点和子节点间只传送指令，而不传送数据。数据流是指子节点和子节点间、子节点和客户端间进行数据的传递。要将指令流和数据流加以分离。

⑤同构复制—属性区分。

同构复制是指在安装时所有的节点，无论是主节点还是从节点，都是同一套程序，只要一个初始的节点安装好后，就可以采用复制的方式进行分发；属性区分是指通过配置文件中对节点的主从属性的标注，使安装同样程序的节点在运行时起到的作用不同，运行后可以区分出主节点和从节点。

⑥多系统集成。

大数据系统是由多个子系统集成起来的系统，大数据系统的规模会随着节点的增加而不断扩大。这里的子系统是指同构的子系统，它们只需通过配置就可以集成在一起协同工作。

2. 大数据系统的逻辑架构

整个大数据系统由五层构成，考虑到数据子系统与外部系统的交互关系，引入了外部系统层，所以一个对外交互的大数据系统由外部系统层、数据应用层、数据分析层、综合管控层和数据计算层五个层次构成。层次间自上而下是依赖关系，层内各系统之间是协同关系或并列关系。大数据系统的逻辑架构如图 16－3 所示。

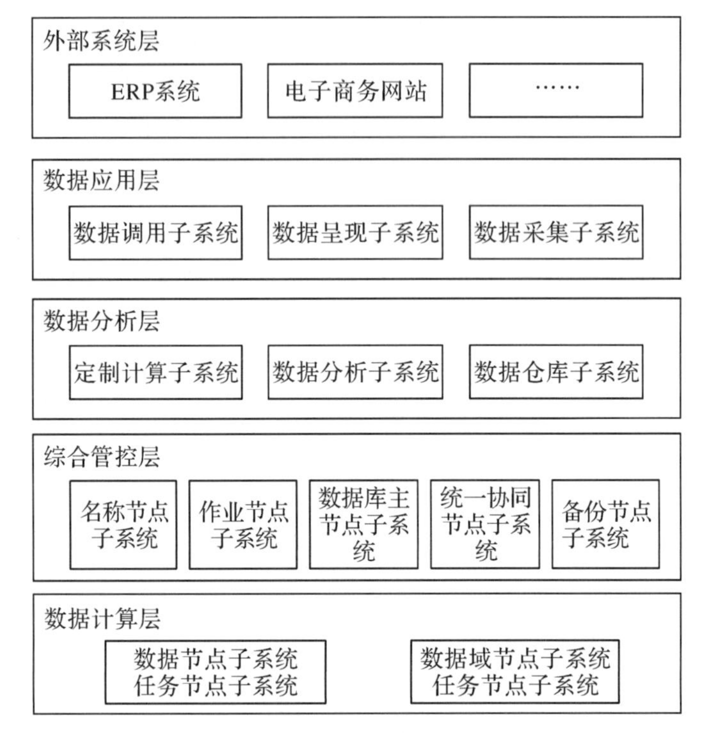

图 16-3 大数据系统的逻辑架构

（1）外部系统层

外部系统层是由现有的各种应用系统组成的层次，包括 ERP、电子商务网站、OA（办公自动化）等各类应用系统。它与数据应用层具有双向关系，外部系统所产生的数据是数据采集子系统的数据输入，外部系统可为用户提供大数据的计算和呈现服务。

（2）数据应用层

数据应用层是由数据调用子系统、数据呈现子系统和数据采集子系统构成的，三个子系统之间是并列关系。数据采集子系统主要通过外部系统进行结构化数据、非结构化数据和半结构化数据的采集。数据调用子系统采用 SOA（Service - Oriented Architecture，面向服务的体系结构）架构为外部系统层的各子系统提供统一的对外大数据访问服务。

（3）数据分析层

数据分析层是由定制计算、数据分析和数据仓库子系统构成的，三个子系统之间是并列或协同关系。定制计算子系统，向上为数据调用子系统提供计算的实体服务，向下为调用任务节点子系统触发数据计算服务；数据分析子系统主要是以脚本编程方式提供结构化数据服务；数据仓库子系统也是面向分布式数据库的子系统，它比数据分析子系统能提供更多的结构化数据服务。

（4）综合管控层

综合管控层是整个大数据系统的核心层，由名称节点、任务节点、数据库主节点、统一协同节点以及备份节点等子系统构成。

（5）数据计算层

数据计算层是分布式文件和数据的存储层和计算层，由数据节点、任务节点和数据域节点等子系统构成。无论是数据节点还是数据域节点，与任务节点子系统都是紧耦合关系，这两个子系统寄宿在同一个节点的 OS 中。

3. 大数据的关键技术

（1）大数据的采集与存储

①大数据的海量和类型多样性增加了数据采集的难度，对冗余数据进行筛选、清理是十分必要的。

②大数据的特征之一就是数据类型的多样性，而且产生的数据呈“井喷”状态。传统的数据存储方式已不能满足现在的需求，研发适用于大数据的分布式文件系统和分布式并行数据库非常必要。

（2）大数据分析与挖掘

①数据分析是整个大数据处理流程中最核心的环节，在数据分析的过程中会发现大数据的价值。Google 开源实现平台 Hadoop 等，为大数据处理和分析提供了很好的技术手段。

②关于数据挖掘，已经有许多较为成熟的技术，但是针对大数据的特殊性，应该探索一些更有效的大数据挖掘新技术新方法。对大数据挖掘的技术主要包括以下 4 种：并行数据挖掘、搜索引擎、推荐引擎以及社交网络分析。

（3）大数据的解释与可视化

①对于广大的数据信息用户来讲，最关心的并非是数据的分析处理过程，而是对大数据分析结果的解释与展示。因此，在一个完善的数据分析流程中，数据结果的解释步骤至关重要。

②为了提升大数据的解释和展示能力，“数据可视化技术”成为解释大数据最有力的方式。常见的可视化技术有基于集合的、基于图标的、基于图像的、面向像素的可视化技术以及分布式技术等。

（4）大数据安全

①基础设施准备。必须了解传统安全修复工具和它们之间的基础设施差异，为安全信息输入建立逻辑大数据安全信息仓库。

②对基础设施进行调整，使其能够搜集和分析数据。

③为了确保大数据安全仓库位于安全事件生态系统的顶端，必须整合现有安全工具和流程，这些整合点应该平行于现有的连接。

4. 典型的大数据系统

（1）谷歌

谷歌拥有全球最强大的搜索引擎，为全球用户提供基于海量数据的实时搜索服务。谷歌的大数据系统由谷歌文件系统（GFS）、分布式计算编程模式（MapReduce）、分布式锁服务（Chubby）和分布式结构化数据存储系统（BigTable）等构成。

（2）亚马逊

亚马逊的大数据服务主要包括简单存储服务 S3、简单队列服务 SQS、简单数据库服务 SimpleDB 和弹性 MapReduce 服务。

（3）Hadoop

Hadoop 已广泛地被企业用于搭建大数据系统。它是开源的系统，并且有大量的机构、组织和人员都在研究和使用它。据不完全统计，全球已经有数以万计的 Hadoop 系统被安装和使用（包括国内的中国移动、中国电信、百度、阿里等）。

三、大数据发展现状

1. 大数据总体发展

（1）大数据成为经济社会转型的新引擎

大数据成为继移动互联网、物联网、云计算之后的新热点。大数据蕴含的价值，促进了信息与众多产业的跨界融合，具有广泛的发展潜力和应用前景，是国家重要的战略资源；对于加快智慧城市建设、促进信息消费起到了良好的推动作用；大数据已成为推动经济社会转型发展的新引擎。

（2）大数据产业正在加速形成

随着“宽带中国”战略的不断推进，我国已迈入 4G 时代，支撑大数据发展的通信基础设施和产业环境已初步具备。以大数据挖掘分析服务为核心，涵盖数据中心、通信网络设施及服务、软件信息服务、智慧城市等领域的大数据产业正在加速形成。

（3）大数据的产业链正在不断完善

大数据产业的上游是一批能够掌握大数据标准、入口、汇集和整合过程的公司，中游是一批在某些垂直领域或者某些特定区域能够掌握大数据入口、汇集和整合的公司，下游是网络公司。中国大数据产业链正在不断完善。

（4）大数据发展仍面临挑战

大数据的发展仍然面临缺少顶层战略、产业政策制定、数据资源及价值认知不够、公共平台体系以及信息安全机制尚未建立等诸多挑战。

2. 大数据技术发展现状

（1）技术趋向多样化

与大数据相关的技术和工具非常多，如 Hadoop 分发、下一代数据仓库等，大数据技术发展趋向多样化。

（2）基于云的数据分析平台渐趋完善

大数据的分析工具和数据库向云计算方向发展，云计算为大数据提供了可以弹性扩展、相对便宜的存储空间和计算资源，使得中小企业也可以像亚马逊一样通过云计算来完成大数据分析，基于云计算的数据分析平台渐趋完善。

（3）企业级数据仓库将成为主流

数据分析集逐步扩大，企业级数据仓库将成为主流，未来还将逐步纳入行业数据、政府公开数据等多源数据。

（4）研究热点

大数据的复杂性和计算模型、大数据的感知与表示、内容建模与语义理解、大数据的存储与架构体系、高效数据索引等方面的研究仍在继续。内存计算、大数据的移动应用、基于大数据的数字营销、基于大数据的个性化服务、基于大数据的智能管控等成为研究新热点。

3. 大数据典型案例

在以往各媒体关于大数据成功案例的报道中，中国企业的成功案例很少，而在此将包括中国企业大数据的成功案例。

（1）阿里信用贷款和淘宝数据魔方

阿里信用贷款是阿里巴巴通过掌握的企业交易数据，借助大数据技术自动分析判定是否给予企业贷款，全程不需要人工干预。据悉，阿里巴巴已经放贷

300 多亿元，坏账率 0.3% 左右，大大低于商业银行；淘宝数据魔方就是淘宝平台上的大数据应用方案。

（2）农夫山泉用大数据卖矿泉水

农夫山泉全国有 10000 个业务员，每天的数据是 100G，每月为 3TB。有了强大的数据分析能力做支持后，农夫山泉近几年以 30% ~40% 的年增长率在饮用水方面快速超越了原先的三甲（娃哈哈、乐百氏和可口可乐）。

（3）阿迪达斯的“黄金罗盘”

厦门育泰贸易有限公司与阿迪达斯合作已有 10 多年，旗下拥有 100 多家阿迪达斯门店。阿迪达斯通过搜集、整合、分析门店的销售数据，再用于指导经销商卖货。挖掘大数据，让阿迪达斯有了许多有趣的发现 ，对大数据的运用也顺应了阿迪达斯大中华区战略转型的需要。

（4）美国零售商和怀孕预测

最早关于大数据的故事发生在美国第二大超市塔吉特百货。根据数据分析部门提供的模型，塔吉特制订了全新的广告营销方案，在孕期的每个阶段给客户寄送相应的优惠券。2002—2010 年，塔吉特的销售额从 440 亿美元增长到了 670 亿美元，大数据的巨大威力轰动了全美。

（5）UPS 快递的最佳行车路径

UPS（United Parcel Service，联合包裹服务公司）快递多效地利用了地理定位数据。为了使总部能在车辆出现晚点的时候跟踪到车辆的位置和预防引擎故障，它的货车上装有传感器、无线适配器和 GPS，为货车定制了最佳行车路径。2011 年，驾驶员共少跑了近 4828 万公里。

（6）VISA 信用卡与商户推荐

VISA 这样的信用卡发行商，站在了信息价值链最好的位置上。VISA 的数据部门搜集和分析了来自 210 个国家的 15 亿信用卡用户的 650 亿条交易记录。他们发现，如果一个人在下午 4 点左右给汽车加油的话，他很可能在接下来的 1 个小时内要去购物或者吃饭，而这 1 个小时的花费在 35 ~50 美元。商家于是在这个时间段的加油小票背面附上加油站附近商店的优惠券。

（7）梅西百货的实时定价机制

根据需求和库存的情况，该公司基于 SAS（Statistics Analysis System）的系统对多达 7300 万种货品进行实时调价。

（8）沃尔玛的搜索

沃尔玛自行设计了最新的搜索引擎 Polaris，利用语义数据进行文本分析、机器学习和同义词挖掘等。语义搜索技术的运用使得在线购物的完成率提升了10%～15%。"对沃尔玛来说，这就意味着数十亿美元的金额。"

（9）快餐业的视频分析

通过视频分析等候队列的长度，自动变化电子菜单显示的内容。若队列较长，则显示可以快速供给的食物；若队列较短，则显示那些利润较高但准备时间相对长的食品。

（10）Morton 牛排店的品牌认知

分析推特（Twitter，社交网络和微博客服务）数据，当发现顾客是本店的常客，也是推特的常用者时，则根据客户以往的订单，推测出其所需的服务。

（11）预测犯罪发生率

PredPol 公司通过与洛杉矶和圣克鲁斯的警方合作，基于地震预测算法的变体和犯罪数据来预测犯罪发生的概率，可以精确到 500 平方英尺（1 英尺 = 0.3048 米）的范围内。在洛杉矶运用该算法，盗窃罪和暴力犯罪分别下降了33%和21%。

（12）特易购和运营效率

特易购（TescoPLC）超市连锁在其数据仓库中收集了 700 万部冰箱的数据。通过对这些数据的分析，进行更全面的监控并进行主动的维修以降低整体能耗。

（13）美国运通商业智能

American Express（美国运通，AmEx）开始构建真正能够预测忠诚度的模型，基于历史交易数据，用 115 个变量来进行分析预测。该公司表示，对于澳大利亚将于之后 4 个月中流失的客户，已经能够识别出其中的 24%。

（14）分析病人的信息

Seton Healthcare 是采用 IBM 最新沃森技术医疗保健内容分析预测的首个客户。该技术允许企业找到大量与病人相关的临床医疗信息，通过大数据处理，更好地分析病人的情况。

（15）避免早产婴儿夭折

加拿大多伦多的一家医院，针对早产婴儿，每秒钟读取数据超过 3000 次，分析这些数据，医院能够提前知道早产儿可能出现的问题并采取措施，避免了早产婴儿夭折。

（16）智能电网

智能电网在欧洲已经做到了终端，也就是所谓的智能电表。在德国，为了鼓励利用太阳能，通过电网每隔 5 分钟或 10 分钟收集一次数据，收集来的这些数据可以用来预测客户的用电习惯等，从而推断出在未来2～3个月时间里，整个电网大概需要多少电。

（17）维斯塔斯风力系统

依靠BigInsights软件和IBM超级计算机，对气象数据进行分析，找出安装风力涡轮机和整个风电场最佳的地点。以往需要数周的分析工作，利用大数据后仅需要不足1小时就可以完成。

（18）中国移动

通过大数据分析对企业运营的全业务进行针对性的监控、预警及跟踪。系统在第一时间自动捕捉市场变化，再以最快捷的方式推送给指定负责人，使他在最短时间内获知市场行情。

4. 大数据的新应用

（1）大数据预测世界杯

在2014年足球世界杯赛场上，大数据预测成为热门话题。本次世界杯各家的预测准确度为：小组赛（Baidu：58.33%，Microsoft：56.25%，Goldman Sachs：37.5%）；1/8决赛（Google：100%，Baidu：100%）；1/4决赛（Google：75%，Baidu：100%）。

（2）大数据助力德国足球

大数据成为德国队主教练勒夫2014年世界杯的制胜宝典。场上球员的每个动作都被转换成数据，以供勒夫“排兵布阵”，大数据助力德国足球。

四、大数据发展趋势与应用前景

1. 大数据发展趋势

（1）大数据从概念化走向价值化

2014年“大数据”变成一个更热的词，在每个应用领域里面大家都谈大数据，比如，大数据金融、大数据安全、大数据制造等，大数据从概念化走向价值化。

（2）大数据处理架构多样化模式并存

Hadoop与大数据之间存在关联和差异，数据管理中关系数据同样存在，并不是由一个架构处理解决所有大数据问题，将由实际需求驱动，大数据处理架构的多样化模式并存。

（3）大数据安全与隐私越来越重要

有了大数据之后，一些碎片化看上去不涉及那么多安全隐私问题，但随着大数据的融合，带来一些安全上的挑战，同时为安全提供了新的机会。大数据安全与隐私越来越重要。

（4）大数据分析与可视化成为热点

有了大数据以后，大规模多角度多视角多手段的数据可视化，贯穿了数据分析和数据展示的整个过程，极大地方便了对大数据的解释，大数据实时分析与可视化成为热点。

（5）大数据产业成为战略性产业

大数据产业成为国家战略性、支柱型新兴产业，是保障国家安全的一个重要战略。

（6）数据商品化和数据共享的联盟化

数据已变成资源、成为有价值的东西，数据私有化和独占问题是客观存在的，在有数据传输保护情况下可实现数据商品化。数据共享联盟（2013 年提出）应逐步壮大，成为产业、科研和学术的支撑及产业发展的核心环节。

（7）基于大数据的推荐和预测逐步流行

在中国大数据科研和产业中，大数据推荐和预测真正开始落到实处并逐步流行起来。

（8）深度学习与大数据智能成为支撑性的技术

深度学习成为大数据智能分析的核心技术。基于海量数据的技术智能成为发展的热点，利用群体智能和众包计算支撑大数据分析和应用。

（9）数据科学的兴起

大数据评测基准以及所有科学正迅速变成以数据为驱动的科学，大家对数据科学兴起有更具体的认识，数据科学正在兴起。

（10）大数据生态环境逐步完善

开源逐渐成为主流，大数据、云计算、物联网相互交融，尤其是大数据教育，计算机组织的教育相关活动。这里面大数据教育更多的是针对人才方面，即教育培养大数据人才。大数据生态环境逐步完善。

2．大数据应用前景

（1）大数据应用案例增多

大数据已进入快速发展阶段，行业应用案例逐渐增多，用户认可程度不断提高，基于大数据应用的业务创新、数据资源化进程加快，大数据发展阶段及预测如图 16－4 所示。

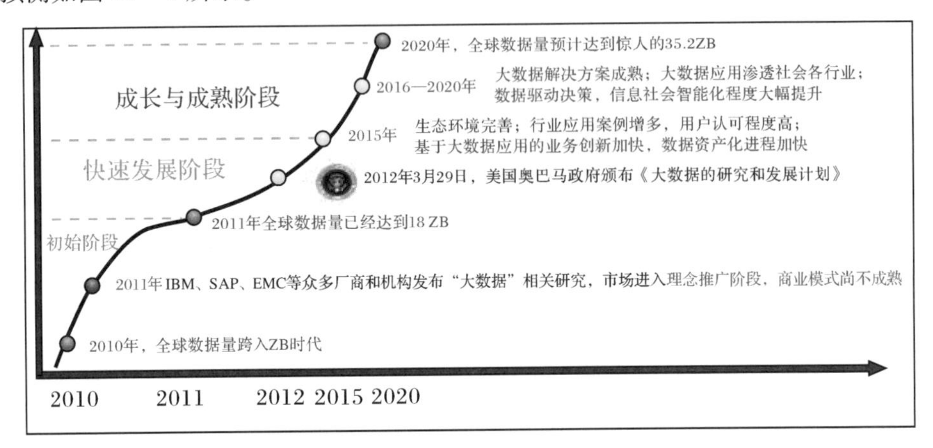

（资料来源：http：//www. xdj88. cn/FreeMessage/272. html）

图 16－4　大数据发展阶段及预测

（2）大数据应用前景

大数据在制造、公共医疗、教育、商业、电力、环保、能源、交通、通信、农业以及军事等领域的应用已取得了可观的成效，应用前景十分广阔。IDC（Internet Data Center）报告：全球大数据技术及服务市场年复合增长率将达 31.7%，2016 年收入将达 238 亿美元，其增速约为 ICT 市场整体增速的 7 倍。

（3）大数据跨界应用

泛在传感器、移动互联网和云计算造就了大数据时代，传统意义的学科界别、产业界别、商业界别日趋模糊，将跨界形成新的商业模式和产业模式。

（4）大数据互联网

大数据技术已经在互联网上取得了广泛应用，而且还将向纵深发展。百度、腾讯、新浪、Facebook、Netflix 以及 Pinterest 等公司都将继续助力大数据互联网。

（5）大数据移动应用

随着智能设备的普及和高带宽的快速发展，移动互联网将变成大数据分析的另一个重要战场，前景广阔。

（6）大数据物联网

在未来 10～20 年间，物联网面临着大数据时代战略性的发展机遇及挑战。

物联网与大数据的握手，不仅会使物联网产生更为广泛的应用，更会在大数据基础上延伸出更长的价值产业链。

（7）大数据数字营销

大数据时代是技术与营销无缝融合的时代，在互联网行业，谁有数据和对海量数据的强大运算能力，谁就有制胜的砝码。

（8）大数据个性化服务

新一代信息技术正在深刻改变信息技术的体系架构和应用模式。大数据技术正让我们以前所未有的广度和深度去挖掘数据的价值、创造各种个性化服务，并以移动的方式向用户提供。

（9）大数据智能管控

大数据智能管控应用广泛，城市管控一体化，智能建筑用大数据实现“一键管控”，互联网金融风险管控、智能交通管控、基于大数据技术的产品质量和流程管控等都是大数据智能管控的应用领域。

（10）大数据金融

金融行业大数据将发挥更多的作用：基于大数据对用户信用风险进行判断、交易风险控制、提前预测、营销监控与评估、流失预警等。

（11）大数据物流

大数据对物流的影响越来越大，无论是托运商、零售商、供应商、运营商均迎来挑战。产业内部结构会产生变化，大数据物流应用将推动物流产业发展。

（12）大数据快销

快销（Fast Moving Consumer Goods industry，FMCG）行业需要大数据快速分析管理，大数据快销具有潜在需求。

（13）大数据生物信息

高通量测序技术的快速发展，使生命科学研究获得了强大的数据产生能力。发达国家在生物大数据领域的技术和应用已远远走在前端，而我国还处于发展的初期阶段，应快速赶超。

（14）网络空间安全大数据

通过传统安全防御措施很难检测高级持续性攻击。而安全厂商可利用大数据技术对事件和攻击的模式、时间、空间、行为上的特征进行处理，总结抽象出来一些模型，变成大数据的安全工具。

（15）企业大数据

大数据时代，在业务价值链关键环节科学的数据分析，能够帮助传统企业提升竞争优势。

（16）政府管理大数据

大数据可以协助政府进行精细化管理，优化政府机构的决策，协助政府进行合理产业布局等。

（17）大数据无人驾驶

移动共享工具才是21世纪的交通，汽车制造业核心竞争力也随着技术的发展开始转移，汽车电子在制造业中发挥越来越大的作用。基于大数据的无人驾驶前景看好。

（18）大数据车联网

车联网业务初现雏形呼应智慧城市业务。车联网正得到政府、车企、IT企业等多方高度重视，行业兴起在即。

（19）大数据政治学

“政治学已经日益成为一个数据密集型学科”，大数据政治学能够辅助决策、推动社会进步。

（20）大数据地图

大数据地图解救了每一个“地理白痴”，应用将越来越广。

（21）大数据发展前景广阔

大数据对社会各行各业的影响前所未有，开启了一个大数据时代。当前，中国正处于互联网高速发展以及两化融合（工业化和信息化融合）期，参考Gartner技术成熟曲线（参见图14－4），可见大数据处于上升期，具有无限广阔的发展前景。

当今社会正在从以控制为出发点的IT时代，走向以激活生产力为目的的DT（Data Technology）时代。未来大数据还将广泛应用于商业决策、智慧城市、企业服务、企业管理、科技金融发展、城市投融资服务平台等众多领域。目前从大数据中看到的价值有如冰山一角，更多更大的潜在价值有待于人们去探索去发现，大数据应用前景一片光明。大数据、云计算、移动互联网以及物联网互相依托、互相促进、协同发展，将共同打造“大云移物”的全新大数据时代。

五、知识卡片（十六）天河二号

2013年11月18日，国际TOP 500组织公布了最新全球超级计算机500强排行榜榜单，中国国防科学技术大学研制的“天河二号”以比第二名——美国的“泰坦”快近1倍的速度再度登上榜首。“天河二号”是当今世界上运算速度最快的超级计算机，综合技术处于国际领先水平。“天河二号”自主创新了新型异构多态体系结构，在强化科学工程计算的同时，可高效支持大数据处理、高吞吐率和高安全信息服务等多类应用需求，设计了微异构计算阵列和新型并行编程模型及框架，提升了应用软件的兼容性、适用性和易用性。

第十七章 其他热点与关键技术

前面已对移动互联网络、物联网络、云计算和大数据做了介绍，另外还有许多热点与关键技术值得关注，如智能语音、社交网络、量子计算、移动增强现实技术、虚拟化技术、远程生物识别、在线培训、携带私人设备办公(BYOD)、信息消费、移动电子商务、虚拟现实、移动打印、DNA 计算、认知计算、社会计算、进化计算、泛在计算、普适计算、自然计算、高性能计算、可信计算、网络数据挖掘与理解、软件定义以及三维片上网络（3D NoC）等。由于篇幅所限，本章仅选其中 4 项加以介绍。

一、智能语音

智能语音是中国信息产业中为数不多的掌握自主知识产权并处于国际先进水平的领域。目前，我国智能语音产业已经形成完整的产业链，未来竞争主要围绕以语音技术提供商、传统搜索厂商和移动客户端开发者为代表的三大阵营展开。

1. 智能语音概述

（1）智能语音基本概念

智能语音，是一种以语音为主要信息载体，让机器具有像人一样“能听会说、自然交互、有问必答”能力的综合技术。它涉及自然语言处理、语义分析与理解、知识构建和自学习能力、大数据处理与挖掘等前沿技术领域。

（2）智能语音的发展历程

①技术萌芽阶段（20 世纪 50—70 年代）。

以孤立词和小词汇量句子识别，并通过关键词匹配实现简单命令操作为主要内容，AT&T 开发出的第一个语音识别系统——Audry 是其主要标志。

②技术突破阶段（20 世纪 80 年代）。

智能语音技术由传统的基于标准模板匹配的技术思路开始转向基于统计模型的技术思路，在语音识别和自然语言理解方面有了较大的进展。

③产业化阶段（20 世纪 90 年代至 21 世纪初）。

智能语音技术由研究走向实用并进入产业化，以 1997 年 IBM 推出 Via-Voice 为重要起点。字词智能语音产品开始进入呼叫中心、家电以及汽车等多个领域。

④快速应用阶段（2010 年—　）。

以苹果 Siri 的发布为重要引爆点，智能语音产业进入高速发展期，并由传统行业开始向移动互联网等新兴领域延伸。

2. 相关技术

智能语音为用户提供便捷的信息交换方式或辅助工具，语音合成、语音识别、自然语音理解和声纹识别是智能语音产业的 4 大技术基础。语义分析和理解、知识构建和学习体系、整合通信技术、云计算基础技术、大数据处理和挖掘等前沿技术都支撑智能语音的发展。

（1）语音合成

语音合成是通过机械的、电子的方法产生人造语音的技术，即将计算机自己产生的或外部输入的文字信息转变为可以听得懂的、流利的汉语口语输出的技术。TTS 技术（Text To Speech，文语转换技术）隶属于语音合成。合成方法有共振峰合成、PSOLA 合成技术和基于隐马尔可夫模型的语音合成。

（2）语音识别

语音识别即自动语音识别（Automatic Speech Recognition，ASR），其目标是将人类语音中的词汇内容转换为计算机可读的输入，例如按键、二进制编码或者字符序列。语音识别技术的应用包括语音拨号、语音导航、室内设备控制、语音文档检索、简单的听写数据录入等。

（3）自然语音理解

自然语音理解（Natural Language Understanding，NLU）俗称人机对话，是一门新兴的边缘学科，涉及语言学、心理学、逻辑学、声学、数学以及计算机科学。主要研究用计算机模拟人的语言交际过程，使计算机能够理解和运用人类社会的自然语言（如汉语、英语等），实现人机之间的自然语言通信。自然语音理解在当前新技术革命浪潮中占有十分重要的地位，是研制第五代计算机的主要目标之一。

(4) 声纹识别

声纹识别（Voiceprint Recognition，VPR）是生物识别技术的一种，也称为说话人识别，包括说话人辨认（Speaker Identification）和说话人确认（Speaker Verification）。不同的任务和应用会使用不同的声纹识别技术，声纹识别有两个关键问题，即特征提取和模式匹配。

3. 智能语音发展现状

(1) 智能语音作为信息交互的重要入口

随着移动互联网时代的到来，智能语音作为信息交互的重要入口之一，成为各大手机制造商、运营商和互联网企业等巨头争相抢占的制高点。在过去的几年中，全球智能语音市场不断扩大。目前，微软推出了“实时语音翻译系统”和“基于 Kinect 的手语翻译系统”。

(2) 智能语音产业规模增长

根据我国工信部数据，2012 年全球智能语音产业规模整体已达到 24.4 亿美元，同比增长 24.0%。其中，中国智能语音产业规模近 8.6 亿元，同比增长 38.2%。

(3) 智能语音技术发展

目前，市场上涌现出越来越多的语音识别软件，在国外，语音市场主要以语音识别为主，具有代表性的产品有 Nuance 的 Dragon Dictation，苹果新推出的 Siri；在国内，语音市场主要以语音合成为主，其中科大讯飞及捷通华声基本占领了语音合成市场。

(4) 人机交互逐渐走入语音时代

Siri 的出现推动了智能语音人机交互产业的发展，迎来了新的高峰。主要体现在：语音合成和基础语音识别技术发展较快；带动了家电、汽车、移动互联网等一批相关产业的发展；出现了如 Nuance、谷歌、科大讯飞等一批优秀的企业。

(5) 产业发展存在的问题

大规模的语音数据识别技术仍有待提高；缺乏成熟的商业模式，极大地制约着产业的可持续发展。

4. 智能语音发展趋势

(1) 智能语音已经进入快速应用阶段

智能语音已经成为新的信息流入口，正在引领产业的重大变革，并成为信息消费的重要支撑环节。预计到 2017 年，智能语音产业规模将达到 101.4 亿元。

（2）智能语音开启移动互联网发展新时代

智能语音交互首先改变的是移动互联网，语音技术在两三年内，会彻底改变当前的人机交互方式。

（3）智能语音应用逐渐成为信息消费热点

如今的语音搜索不同于传统搜索模式，不是基于无关联的几个关键词来反馈结果，而是能够理解用户指令，完成一项完整的任务。微信的微语音插件、搜狗语音助手、易信等，都采用了语音识别应用。另外，电视、机顶盒、汽车、玩具、穿戴设备也都对智能交互技术抱有很大的期待。

（4）智能语音产业破解技术壁垒

目前还没有一个较为成功的前端语音产品可以主宰市场，功能上的同质化、用户体验的不流畅、语音识别的准确率不高等问题严重影响其发展。如何突破技术壁垒实行商业化运作将是智能语音规模普及的关键。

（5）行业整体市场潜力巨大

在过去的几年中，以 Google、亚马逊、Facebook 为代表的 IT 巨头纷纷在全球范围内对智能语音领域进行投资或并购，全球智能语音市场不断扩大。

（6）科大讯飞领跑行业共赢

目前，科大讯飞以 54.3% 的市场份额成为国内智能语音产业的领跑者。同时，百度、苹果、Nuance 等企业也凭借其雄厚的技术背景在国内智能语音市场占据重要位置。

（7）智能语音能够开启全新的产业发展格局

智能语音能够开启全新的产业发展格局，各种智能软件以及可穿戴式设备将按照语音交互的方式在软硬件层面重新设计。预计到 2017 年，中国智能语音市场有望形成千亿级的相关市场规模。可穿戴式设备将是智能语音应用的一个重要领域。

（8）商业模式的创新

商业模式的创新也是智能语音企业所面临的新机遇与新挑战。智能语音服务企业未来的商业模式将主要以免费的个人产品与收费的企业级服务与产品为主，在企业产品市场以分成、深度定制化和个性化服务代替产品销售。

（9）全面渗透

可以预见，在未来几年内，语音技术将渗透到工业、家电、通信、汽车电子、医疗、家庭服务以及消费电子产品等众多领域，以语音为主的人机交互技术的应用将会越来越广泛。

二、社交网络

在中国互联网行业，社交网络已成为最热门的领域之一，中国网民最活跃的场所。以新浪微博、腾讯微博、微信为代表的社交网络的发展，不仅改变了传统的互联网社交形式，而且对各行各业都产生了巨大的影响。

1. 社交网络概述

（1）社交网络基本概念

社交网络即社交网络服务（Social Network Service，SNS），是网络与社交的结合，是人与人交互的网络，通过网络这一载体把人们连接起来，从而形成具有某一特点的团体。社交网络不仅仅是新潮的商业模式，更是一个推动互联网向现实世界无限靠近的关键力量。目前社交网络已拓展到移动手机平台领域，借助手机的普遍性和无线网络的应用，利用各种交友、即时通信以及邮件收发器等软件，使手机成为新的社交网络的载体。

（2）社交网络的兴起

社交网络是 1954 年由 J. A. Barnes 首先使用的；网络社交的起点是电子邮件；BBS（Bulletin Board System，电子公告板）则更进了一步；即时通信（Instant Messenger，IM）和博客（Blog，即网络日志）更像是前面两个社交工具的升级版本。

（3）社交网络发展阶段

①早期概念化阶段——SixDegrees 代表的六度分隔理论。

②结交陌生人阶段——Friendster 帮你建立弱关系从而带来更高社会资本的理论。

③娱乐化阶段——MySpace 创造的丰富的多媒体个性化空间吸引注意力的理论。

④社交图阶段——Facebook 复制线下真实人际网络来到线上低成本管理的理论。整个 SNS 发展的过程是循着人们逐渐将线下生活更完整的信息流转移到线上进行低成本管理，这让虚拟社交越来越与现实世界的社交出现交叉。

（4）社交网络的特点与安全性

社交网络的特点是传播速度快、操作门槛低、娱乐性强以及用户黏度高；社交网络的安全问题值得重视，如社交网站用户更容易遭遇财务信息丢失、恶意软件感染、垃圾邮件等，且其严重性可能超乎用户自己的想象。

2. 社交网络的相关技术

（1）UCenterHome

UCenterHome 是一套采用 PHP + MYSQL 构建的社会化网络软件，其可以轻松地构建一个以好友关系为核心的交流网络，让站点用户方便快捷地发布日志、上传图片、讨论感兴趣的话题等。

（2）iwebSNS

作为一款大型高并发高负载的开源 SNS 软件，iwebSNS 功能强大，易于扩展，具有良好的伸缩性和稳定性。

（3）Elgg

Elgg 是一个开源社交网络平台，拥有个人用户信息管理、Blog、文档管理功能。

（4）ThinkSNS

ThinkSNS 是基于许多优秀的开源软件开发的免费软件，提供全方位的社交网络解决方案。非常适合二次开发，支持多模板、多语言。

（5）OpenPNE

OpenPNE 是开源 SNS 引擎，搭载了丰富的 SNS 机能，在 PC 机和手机上都可以免费使用，OpenPNE 的应用领域非常广泛，涉及手机服务、视频服务、企业内部人力资源管理等服务领域。

3. 社交网络发展现状

（1）传播速度和广度指数级提升

从产业角度而言，社交网络使网站、应用导入用户和流量增加，加大了信息的覆盖层面和传播力度。

（2）改变人们沟通和生活的方式

在社会意义方面，因为社交网络和社交媒体的出现，信息的传播方式和人们的沟通方式，乃至生活方式都发生了变化。今天，很多重大的新闻都可通过微博或 QQ 空间等快捷方式获得。

（3）带来社会化营销黄金时代

社交网络对于商业的贡献莫过于带来社会化营销的空前繁荣。社交网络的出现使品牌与消费者之间的沟通变得更高效、廉价、便捷，从而帮助企业了解用户需求，提升产品和服务的质量；社交网络上的关系链传播，在品牌曝光、促成购买等指标上已超过了传统广告；用户社交行为研究及社交数据挖掘将开启社交广告新模式。

（4）社交网络排名

2013 年全球年度社交网站排行榜如表 17 –1 所示。2013 年全球年度社交网站排行榜（中国区）如表 17 –2 所示。

表 17 –1　2013 年全球年度社交网站排行榜

名次	网站名	名次	网站名
1	Facebook	11	Badoo
2	YouTube	12	Reddit
3	Google +	13	Viadeo
4	Twitter	14	新浪微博
5	LinkedIn	15	Bebo
6	Instagram	16	Quora
7	Pinterest	17	Yammer
8	Myspace	18	腾讯微博
9	Orkut	19	vkontakte
10	Tumblr	20	Odnoklassniki

（资料来源：http：//www. weste. NET—1 –24/95247. html）

表 17 –2　2013 年全球年度社交网站排行榜（中国区）

名次	网站名	注册普及率	名次	网站名	注册普及率
1	新浪微博	80%	6	人人网	54%
2	QQ 空间	77%	7	土豆网	48%
3	腾讯微博	73%	8	开心网	39%
4	腾讯网	72%	9	Google +	39%
5	优酷网	58%	10	Facebook	33%

4. 社交网络发展趋势

（1）移动社交及短视频将会流行

目前的视频网站走的还是传统路线，一是将 PC 端已经有的节目搬到移动端进行布局，二是通过移动广告来提升变现能力。借 4G 东风，移动社交及短视频将会流行起来。

（2）传统媒体与社交媒体融合更加紧密

2014 年，以新浪微博为代表的社交媒体，至少给传统媒体带来了覆盖面、传播内容和传播形式的三大改变。随着社交媒体影响力的提升，传统媒体与社交媒体的融合已经成为不可逆转的趋势。

（3）“社交金融”之战将愈演愈烈

当“二马”——马化腾、马云在互联网金融领域斗得不可开交之时，日前，中国平安老总马明哲也杀入互联网金融领域。“社交金融”之战将愈演愈烈。

（4）社交媒体结合大数据催生“社交云商”

大数据的应用要慢于云计算和企业移动，2014 年大数据技术会进入更多的行业应用之中，社交媒体结合大数据将催生“社交云商”。

（5）社交商务将加速推进企业平台升级

当前，很多企业已经开始利用社交平台进行营销活动，但收益并不乐观。社交商务更多的应是实现企业内外协作和沟通。

（6）物联网加速“大社交时代”到来

融入物联网的社交媒体，其定义将不再仅仅是人与人的社交，而是人与人、人与物、物与物的范围更大的社交网络，可以称其为“大社交时代”的到来。

（7）社交媒体工作分工更明确

据专业机构分析，社交媒体在2014 年可能会新增6 种工作岗位：社交 SEO 专家、社交媒体策略师、在线社区经理人、社交媒体营销经理人、社交媒体营销协调者、博客以及社交媒体文案。

（8）社交经济形成三大稳定模式

社交网络氛围已经无处不在，未来社交经济的三大模式为：付费广告、情景营销和粉丝经济。企业的社交经济之路会走得更远。

三、量子计算

量子计算是量子力学在信息科学中的应用，近年来理论与实验方面的众多成果在突破经典信息科学方面取得重大进展。在量子计算机中，人们利用量子力学的奇特效应，以更快、更有效的方式完成经典计算机所能做的甚至完全不可能做的工作。

1. 量子计算概述

（1）量子计算基本概念

量子计算（Quantum Computation）是一种依照量子力学理论进行的新型计算，量子计算的基础和原理以及重要量子算法为在计算速度上超越图灵机模型提供了可能。

（2）量子计算概念的提出

量子计算的概念最早由 IBM 的科学家 R. Landauer 及 C. Bennett 于 20 世纪 70 年代提出。

（3）量子计算发展历程

关于量子计算的发展历程，如表 17－3 所示。

表 17－3　量子计算发展历程

时　间	人　物	事　件	意　义
20 世纪 70 年代	IBM 的科学家 R. Landauer 及 C. Bennett	探讨计算过程中诸如自由能、信息与可逆性之间的关系	量子计算概念的提出
20 世纪 80 年代初	阿岗国家实验室的 P. Benioff	提出二能阶的量子系统可以用来仿真数字计算	提出量子仿真数字计算新思想
1982 年	Feynman	最早提出量子计算和量子计算机思想	量子计算起源
1985 年	David Deutsch	定义了量子 Turing 机，描述了量子计算机的一般模型，预言了量子计算机的潜在能力	量子计算的研究开始受到关注
1994 年	Peter shor	发现了因子分解的有效量子算法，可以解决大数因子分解问题	将量子计算的研究推向高潮
1995 年	姚期智教授	提出分布式量子计算模式	量子通信协议安全性的基础
1997 年	Bell 实验室 Grover	提出了对无序的数据库的搜索问题提供平方根的加速	Grover 算法可以用于经典计算中的 NP 问题
2002 年	IBM 的 Chuang 团队	在一个人工合成的分子中（内含 7 个量子位）完成 N ＝15 的因子分解	用于解决 NP 问题
2008 年	中国科技大学潘建伟等	首次利用光量子计算机实现了 Shor 量子分解算法，研究成果发表在《物理评论快报》	标志着我国光学量子计算研究达到了国际领先水平
2009 年	陕西师范大学、清华大学	《量子信息与量子计算中的前沿问题》学术研讨会	讨论了量子信息与量子计算的前沿问题
2010 年		“量子震动”登 2010 年十大科学进展榜首	我国在量子通信、量子计算等领域取得成就

（续表）

时 间	人 物	事 件	意 义
2011 年	加拿大量子计算公司 D-Wave	正式发布全球第一款商用型量子计算机“D-Wave One”	量子计算机的梦想距离我们又近了一大步
2012 年	量子计算与量子信息处理研究中心	2012 年 8 月 31 日—9 月 2 日，在北京召开“2012 量子计算与量子信息处理国际会议”	讨论量子研究前沿课题
2014 年	中国科学院	中澳量子计算和量子信息处理年会	促进了相关领域和方向的交叉融合

（资料来源：公开资料整理）

（4）量子计算的特点

量子计算机是一个量子力学系统，量子计算过程就是量子力学系统量子态的演化过程。由于量子态具有量子叠加和量子纠缠性质，使量子计算有许多不同于经典计算机的新特点。

2. 量子计算相关技术

（1）量子位

量子位（qubit）是量子计算的理论基石。在常规计算机中，信息单元用二进制的 1 个位来表示，非“0”即“1”。在二进制量子计算机中，信息单元称为量子位，它除了处于“0”或“1”态外，还可处于叠加态。任何两态的量子系统都可用来实现量子位。

（2）量子系统

一个量子系统包含若干粒子，这些粒子按照量子力学的规律运动，称此系统处于态空间的某种量子态。态空间由多个本征态（eigenstate）（即基本的量子态）构成，基本量子态简称基本态（basic state）或基矢（basic vector）态。量子空间可用 Hilbert 空间（线性复向量空间）来表述，即 Hilbert 空间可以表述量子系统的各种可能的量子态。

（3）量子计算基本原理

量子的重叠与牵连原理产生了巨大的计算能力。普通计算机中的 2 位寄存器在某一时间仅能存储 4 个二进制数（00、01、10、11）中的一个，而量子计算机中的 2 个量子位寄存器则可同时存储这 4 个数，因为每一个量子比特可表示两个值。如果有更多量子比特的话，计算能力就呈指数级提高。

（4）量子并行计算

量子计算对经典计算做了极大的扩充，经典计算是一类特殊的量子计算。量子计算最本质的特征为量子叠加态和相干性。量子计算机对每一个叠加分量实现的变换相当于一种经典计算，所有的这些经典计算同时完成，按一定的概率振幅叠加起来，给出量子计算机的输出结果，这种计算称为量子并行计算。量子并行处理大大地提高了量子计算的效率，量子相干性在所有的量子超快速算法中得到本质的利用。

3. 量子计算发展现状

（1）中国的相关研究

量子信息科学在过去 10 余年间取得了巨大发展。未来 10～20 年量子科技开始对世界经济产生影响，目前中国有关量子计算的研究处于世界前沿。

（2）中国科技大学的量子计算研究之一

中国科技大学是量子计算的代表研究单位之一。由中国科学技术大学潘建伟院士等与清华大学马雄峰等组成的联合研究小组，在“利用测量器件无关量子密钥分发解决量子黑客隐患”上取得进展。他们与牛津大学研究人员合作，在国际上首次用光子比特，也是首次用真正的纯态量子系统，验证了量子加速的根本原因。研究成果 4 次入选欧洲物理学会和美国物理学会评选的年度国际物理学重大进展成果。

（3）中国科技大学的量子计算研究之二

中国科技大学的江峰教授团队，搭建了一系列具有国际领先水平的光探测磁共振实验平台，开展了基于掺杂金刚石单自旋的量子计算与弱磁信号灵敏探测等前沿科学研究，相关成果发表在《自然》《自然·物理》和《物理评论快报》上。

（4）清华大学姚期智团队的量子计算研究

中国科学院外籍院士，清华大学高等研究中心姚期智教授，于 1993 年最先提出量子通信复杂性，基本上完成了量子计算机的理论基础；1995 年提出分布式量子计算模式，后来成为分布式量子算法和量子通信耦合协议安全性的基础；带领清华大学启动一个“全量子网络”973 项目。

（5）超导量子计算

超导量子计算目前在实验上已实现了 3 个量子比特的耦合，完成了单比特量子逻辑门和双比特量子逻辑门的操作。

（6）量子仿真

在量子仿真方面，单个量子比特作为一个可控的人工系统，物理上相当于一个“人造原子”。通过改变线路的参数可以设计出所需要的原子类型，它也可以展示原子物理和量子光学中的诸多有趣现象。改变比特间的耦合强度，调节“原子”间的相互作用，可以方便地模拟固体物理中的一些相互作用，从而为这一领域的问题提供一个新的研究平台。

（7）全球关注量子计算

全球有很多主要的量子信息机构正在实现量子计算机。例如，美国马里兰大学成立了一个量子研究中心、美国哈佛大学和麻省理工学院联合成立的超冷原子中心、在美国加州理工学院和微软合作的量子站、地处加拿大的黑莓的创立机构同样在新加坡启动了量子信息中心，欧盟、日本也建有这样的中心。

4. 量子计算发展趋势

（1）提高量子装置的准确性

量子计算将有可能使计算机的计算能力大大超过当今的计算机，但仍然存在很多障碍。大规模量子计算在提高所需量子装置的准确性方面存在难题，值得重视。

（2）超导量子计算充满挑战

超导量子计算要进入实用化阶段，则需实现更大的耦合量子比特系统。如何提高器件的退相干时间，找到量子退相干的发生机理，是超导量子比特未来需要解决的最大难题。如何实现在较长的量子相干时间内完成多个量子比特的耦合与操作，是一个非常有趣且充满挑战的课题。

（3）量子计算机与量子网络引起关注

量子计算机和量子网络已引起学术界的兴趣，具有现实意义。量子网络并不只是量子互联网，还要建立量子计算机。

（4）制造量子计算机的难题

制造量子计算机最大的难题是如何克服外界对处于叠加态的量子系统的干扰。外界一个微小的扰动就可以引发量子计算机中量子位元一系列的连锁反应，使量子叠加态遭到破坏（这种现象被称为量子退相干），从而导致计算错误。因此，量子计算机不得不消耗大量的资源以控制和克服量子退相干引起的偏差。

(5) 两个值得注意的研究方向

拓扑量子计算机和以玻色—爱因斯坦凝聚为基础的量子计算机是两个很值得注意的研究方向。

(6) 量子计算开始起飞

美国最大的国防工业承包商洛克希德马丁公司不久前宣布，准备将购自加拿大 D - Wave 公司的量子计算机系统正式投入使用，如果洛克希德马丁公司与 D - Wave 公司的尝试获得成功，这可能就是量子计算开始起飞的标志。

(7) 对量子计算机的憧憬

按照现在的发展速度，在不久的将来量子计算机一定会成为现实。让我们共同期待量子计算、量子计算机和量子网络百花盛开的春天。

四、移动增强现实技术

移动增强现实（Mobil Augmented Reality，MAR）是增强现实（ Augmented Reality，AR）技术在移动终端的应用。AR 是在虚拟现实（Virtual Reality，VR）的基础上发展起来的新技术，也被称为混合现实。它是通过计算机系统提供的信息增加用户对现实世界感知的技术，将虚拟的信息应用到真实世界，并将计算机生成的虚拟物体、场景或系统提示信息叠加到真实场景中，从而实现对现实的增强。

1. 移动增强现实概述

(1) 移动增强现实的定义

定义一：增强现实是 VR 技术的延伸。VR 旨在创建一个人工环境，在这个环境中人们通过自己的视觉、听觉、触觉以及经验形成对现实环境的一种认识。AR 技术与 VR 技术不同，它旨在完成对真实环境的补充，而不是创建一个完全沉浸式的虚拟环境。

定义二：移动增强现实是 AR 技术在移动终端的应用，是离开了实验室特定的实验条件和特殊用途的 AR 系统。MAR 涉及的技术有：全球跟踪定位、无线通信、基于位置的计算与服务以及可穿戴式计算等。

(2) MAR 的发展历程

MAR 是伴随 AR 技术的发展而发展的，其发展历程如表 17 - 4 所示。

表 17－4　移动增强现实的发展历程

时间	人物	事　件
1968 年	Ivan Sutberland	世界上第一套 AR 系统
1997 年	哥伦比亚大学 Steve Feiner 等	第一套 MAR，名为“Mobile Augmented Reality System”，用于导航
2000 年	Bruce Thmos	发布了 AR－Quake，是流行电脑游戏 Quake 的扩展。这款游戏在室内和室外都能进行
2001 年	Joseph Newman 等	开发了一套基于个人数字助理的 AR 系统“Bat－Portal”
2003 年	Adrian David Cheok 等	发布真人版“吃豆人”（Human Pacman）——交互式通用移动娱乐系统，实现位置和视觉感应，触控式人机交互界面
2005 年	Anders Henryson	AR 网球（AR－Tennis）游戏，第一个移动电话中的协作式 AR 应用程序
2009 年	Morrison 等	发明 MapLens，展现了 AR 地图作为协作工具的潜力。MAR 的发展和应用进入了一个全新的时代
2011 年	《信息与电脑》	基于移动终端的 AR 在楼盘展示中的应用
2012 年	谷歌	发布了一款免费的在线 MAR 游戏 Ingress
2013 年	北京视像元素技术有限公司	开发了“基于 MAR 技术的社交软件”
2014 年	全球移动大会	Metaio 演示三维面部重建视频

（资料来源：公开资料整理）

（3）MAR 的主要特点

①真实世界和虚拟世界的信息集成；②具有实时交互性；③在三维尺度空间中增添定位虚拟物体。MAR 技术可广泛应用到军事、医疗、建筑、教育、影视以及娱乐等领域。

2. MAR 相关技术

（1）MAR 的体系结构

MAR 系统由显示技术、跟踪和定位技术、界面和可视化技术以及标定技术等构成。跟踪和定位技术与标定技术共同完成对位置与方位的检测，并将数据报告给 MAR 系统，实现被跟踪对象在真实世界与虚拟世界中坐标的统一，以达到让虚拟物体与用户环境无缝结合的目标。

（2）MAR 的工作原理

MAR 系统的早期原型 AR 的基本理念是将图像、声音和其他感官增强功能实时添加到真实世界的环境中。MAR 系统将显示能从所有观看者的视角看到的图像。

（3）需要攻克的关键技术

①高效便携的终端定位系统。

当用户携带手机时，通过移动网络可以对用户进行粗略定位，可以记录用户在网络中的一个历史轨迹，通过系列的历史数据，在服务器端可以对用户当前的位置有一个相对精确的估计。这些复杂运算是在服务器端实现的，可以在不占用移动端过多资源的情况下获取准确的定位。

②移动终端和工作站之间不同计算设备间的任务协同。

为了实现 MAR，要完成非常复杂的运算，包括对用户位置的跟踪、渲染、绘制等。这些运算要在移动终端和系统的服务器中进行协调，目前的解决方案是把复杂运算放在服务器中。

③海量目标的精确识别。

在生活中有时我们希望能够知道用户面前的建筑物是什么，用户面前的车是什么型号，目前有多种方式可以实现这样的功能。在 MAR 系统中，通过多特征融合进行物体识别。

④六自由度跟踪定位。

要知道用户在环境中是在向哪个方向看以及确定用户所处的位置，所采用的方法是事先在计算机存储部分标好图像，当实际用户使用的时候，通过将拍摄到场景中的图像和事先存储的图像进行匹配就可以获得准确的六自由度信息。

⑤多传感器数据融合。

目前移动智能终端带有多种传感器，在实际使用中既可以通过计算机视觉技术对摄像头所拍摄的环境物体进行跟踪，也可以采用惯性传感器进行姿态跟踪，通过融合多个传感器的输出可以获取更加准确的跟踪结果。

⑥真实高效的 3D 渲染。

要把生成的三维物体准确地绘制到当前的场景中，需要简化绘制算法及传输数据的冗余性，从而实现真实高效的三维渲染。

3. MAR发展现状

(1) MAR在博物馆导览中的应用

博物馆提供的展品标签信息都很有限，而借助MAR技术，当用户进入博物馆时可以在手机上下载一个软件，通过手机屏幕呈现与展品有关的文字、图片以及视频等信息，增强用户对展品的认识。

(2) MAR在旅游中的应用

通过用户提供的游记和地点信息提供旅游攻略，如图17－1所示。

（资料来源：http：//www. ipc. me/articulated－naturality－web. html）

图17－1　提供旅游攻略

(3) MAR在教学培训中的应用

国外开发了一款在iPhone上运行的软件，可以在实际的电路上通过三维显示的方式来叠加学生需要搭建的电子元器件，以指导学生进行电路的搭建。

(4) MAR在车载中的应用

目前国外新开发的GPS软件上已经应用了AR，把GPS软件安放在驾驶的车辆上，就会看到前方的道路地面叠加出了方向箭头，可以实时指引驾驶员。

(5) MAR在商业广告游戏中的应用

iButterfly是一款下载在iPhone上的MAR应用，是旅游和餐饮业的宣传平台。在娱乐游戏方面，MAR可以把用户周围的真实场景变为游戏场景，而在社交网络应用上，MAR技术可以方便用户与好友进行在线交流。

(6) MAR在军事、医疗领域的应用

尽管MAR系统已经显示出了在诸多领域中广泛的应用前景，但是由于技术条件和成本的限制以及离大规模的推广应用尚有一定的距离，目前比较成熟的应用大多集中在军事、医疗等对价格不是特别敏感的领域。

（7）MAR 在电子商务中的应用

例如在北京地铁站出现的虚拟购物超市，消费者只要用手机拍摄想要购买的物品并将其发送给服务商，就可以享受到送货上门的服务。

（8）制约 MAR 系统性能的因素

目前制约 MAR 系统性能的因素主要包括以下两个方面：其一，移动计算平台的计算资源、电池的寿命和重量的限制；其二，户外场景复杂多变的因素。所有这些不可控的因素制约了 MAR 技术的应用。

4. MAR 发展趋势

（1）基于投影仪的 MAR 系统

尽管手机的屏幕越来越大，但是不可能无限增大。美国 MIT 开发的 MAR 系统借助微型的投影仪把增强信息投到用户手机上以及用户阅读的报纸上，同时，用户可以通过不同的手部动作和投射出的影像进行交互，通过投影仪可以把用户周围任何的平面、曲面都变成显示表面，可以帮助用户更好地工作和生活。

（2）智能信息的挖掘

通过对用户消费习惯以及行为习惯的分析，MAR 系统能够在适当的时候给用户一个最好的建议，这样的系统有赖于对原始数据的智能挖掘，相信随着技术的发展，MAR 技术将真正走向普及应用，从而更好地服务大众。

五、知识卡片（十七）量子反常霍尔效应

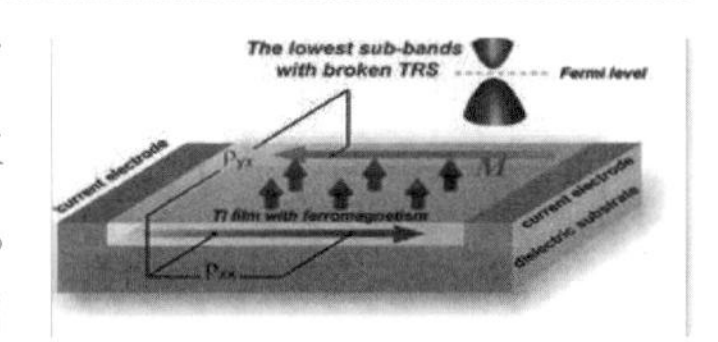

在凝聚态物理领域，量子霍尔效应研究是一个非常重要的研究方向。量子反常霍尔效应不同于量子霍尔效应，它不依赖于强磁场而由材料本身的自发磁化产生。在零磁场中就可以实现量子霍尔态，更容易应用到人们日常所需的电子器件中。量子霍尔效应于 1980 年被德国科学家发现。整数量子霍尔效应和分数量子霍尔效应的实验分别发现于 1985 年和 1998 年，获诺贝尔物理学奖。新华网北京 2013 年 4 月 12 日电，清华大学物理系和中科院物理所联合组成的团队在实验中首次发现量子反常霍尔效应，这被著名物理学家杨振宁称为“诺贝尔奖级”的科研成果。

参考文献

[1] 黄国兴，陶树平，丁岳伟．计算机导论［M］．北京：清华大学出版社，2004
[2] 毋国庆，梁正平，袁梦霆，等．软件需求工程［M］．北京：机械工业出版社，2013
[3] Darrell M. West．下一次浪潮［M］．上海：上海远东出版社，2012
[4] 洪京一．中国软件和信息服务业发展报告［M］．北京：社会科学文献出版社，2012
[5] 工业和信息化部软件与集成电路促进中心［M］．中国软件产业黄金十年．北京：电子工业出版社，2010
[6] 朱仲英，等．软件技术发展趋势研究［M］．上海：上海交大出版社，2011
[7] 洪京一，等．中国软件和信息服务业发展报告［M］．北京：社会科学文献出版社，2013
[8] 倪光南．由“棱镜门”事件反思国家信息安全［N］．中国信息化周报，2013－07－08(005)
[9] 刘瑞挺，张宁林．计算机新导论［M］．北京：清华大学出版社，2013
[10] 孙利荣，蒋泽军，王丽芳．片上网络［J］．计算机工程，2005，31（20）：1～2
[11] 郭志峰．谈计算机网络的未来发展趋势［J］．中国科技投资，2013，（26）：199～200
[12] 张艳斌．计算机技术发展趋势探析［J］．学园，2012（17）：178～179
[13] Ian Sommerville．软件工程［M］．北京：机械工业出版社，2011
[14] 李龙．软件测试实用技术与常用模板［M］．北京：机械工业出版社，2010
[15] 吕云翔，王昕鹏．软件工程［M］．北京：人民邮电出版社，2009
[16] 殷人昆，郑人杰，马素霞．实用软件工程［M］．北京：清华大学出版社，2010
[17] 杨芙清．软件工程技术发展思索［J］．软件工程，2005，16（01）：1～7
[18] 杨芙清．软件工程：过去，现在与未来［J］．世界科技研究与发展，1995，17（2）：11～13
[19] 普雷斯曼．软件工程实践者的研究方法［M］．北京：机械工业出版社，2011
[20] 张效祥．计算机科学技术百科全书［M］．北京：清华大学出版社，1998

[21] 工业和信息化部软件与集成电路促进中心. 中国软件产业黄金十年 [M]. 北京：电子工业出版社，2011

[22] 张海藩. 软件工程导论 [M]. 北京：清华大学出版社，2003

[23] 杨芙清，吕健，梅宏. 网构软件技术体系：一种以体系结构为中心的途径 [J]. 中国科学：E辑，2008，38（6）：818～828

[24] 魏东，陈晓江，房鼎益. 基于SOA体系结构的软件开发方法研究 [J]. 微电子学与计算机，2005，22（6）：73～76

[25] 代志华. 软件产业发展模式国际比较及借鉴 [J]. 2004，3（8）：49～52

[26] 王鹏. 中国软件产业发展蓝皮书 [M]. 北京：中央文献出版社，2012

[27] 李颖. 中国软件和信息服务业发展报告 [M]. 北京：社会科学文献出版社，2011

（第一篇终）

[28] 杨芙清，等. 操作系统结构分析 [M]. 北京：北京大学出版社，1986

[29] K. 克里斯琴. UNIX操作系统 [M]. 北京：电子工业出版社，1986

[30] 孙钟秀. 操作系统教程 [M]. 北京：高等教育出版社，1989

[31] 樊建平，李国杰. 并行操作系统的现状与发展趋势 [J]. 计算机研究与发展，1995，32（1）：1～5

[32] 魏红晨. 基于云计算的个人云操作系统 [D]. 西安：西安电子科技大学，2011

[33] 罗伟. 分布式环境下的云操作系统 [J]. 硅谷，2012（17）：4～5

[34] 骆海霞. 浅谈计算机操作系统及其发展方向 [J]. 吉林省教育学院学报，2013，29（9）：102～103

[35] 王波. 个人计算机操作系统的发展与展望 [J]. 计算机知识与技术，2011，7（12）：2853～2855

[36] 汤小丹，梁红兵，等. 计算机操作系统 [M]. 西安：西安电子科技大学出版社，2008

[37] 孟庆昌. 操作系统 [M]. 北京：电子工业出版社，2004

[38] http：//www. wisegeek. com/what－are－parallel－operating－systems. htm

[39] http：//blog. csdn. NET/sunlovefly2012/article/details/9392295

[40] http：//down. 51cto. com/data/816847

[41] http：//www. idc. com

[42] 丁丽萍. Android操作系统的安全性分析 [J]. 技术研究，2012（3）：28～41

[43] 赵世彧，张盛，等. 智能手机操作系统及其Google Android上的软件开发 [J]. 煤炭技术，2011，30（4）：197～199

[44] Henry Blodget. *The Future of Mobile*（移动互联网的未来）[J]. 腾讯科技，2014－03－27

[45] 吴茂林. 智能手机操作系统的五大发展趋势. 网络科技报道，2013－10－16

[46] 张荫芾，徐国治，周玲玲. 微内核操作系统在嵌入式平台上的应用 [J]. 电子产品设

计，2009，(3)：44～46

[47] 李磊．基于第二代微内核 L4 的分布式操作系统 E1 的研究 [D]．西安：西安电子科技大学，2006：2～3

[48] 李彦东，雷航．多核操作系统发展综述 [J]．计算机应用研究，2011，28 (9)：3215～3219

[49] 梁荣晓．多核操作系统发展综述 [J]．信息安全与技术，2013 (3)：10～12

[50] 徐长梅．分布式操作系统中的进程通信机制 [J]．长沙大学学报，1999，13 (2)：51～54

[51] 施笑安，周兴杜，林奕．可扩展操作系统设计方法 [J]．计算机科学，2002，29 (11)：157～160

[52] 谭良，周明天．可信操作系统研究 [J]．计算机应用研究，2007，24 (12)：10～15

[53] 魏红晨．基于云计算的个人云操作系统 [D]．西安：西安电子科技大学，2011

[54] 罗伟．分布式环境下的云操作系统 [A]．硅谷，2012，(17)：4～5

[55] http：//pcedu. pconline. com. cn/388/3881079. html

[56] 黄罡，王千祥，梅宏，杨芙清．基于软件体系结构的反射式中间件研究 [J]．软件学报，2003，14 (11)：1819～1826

[57] 吴泉源．网络计算中间件 [J]．软件学报，2013，24 (1)：67～76

[58] 怀进鹏，胡春明，李建欣，等．CROWN：面向服务的网格中间件系统与信任管理 [J]．中国科学：E 辑 (信息科学)，2006，36 (10)：1127～1155

[59] 杨芙清，吕建，梅宏．网构软件技术体系：一种以体系结构为中心的途径 [J]．中国科学：E 辑 (信息科学)，2008，38 (6)：818～828

[60] http：//www. cvicse. com/

[61] http：//www. kingdee. com/

[62] 李大勇，时延鹅．数据库技术的历史及未来的发展趋势综述 [J]．辽宁省交通高等专科学校学报，2005，7 (2)：34～36

[63] 李安娜．SQL SEVER 数据库设计及三种经典设计方法 [J]．信息与计算机，2009，10 (3)：84～85

[64] 林福宗．多媒体技术基础 [M]．北京：清华大学出版社，2009

[65] http：//baike. baidu. com/view/1216219. htm

[66] http：//www. searchcio. com. cn/whatis/word_ 4986. htm

[67] http：//blog. csdn. NET/mfowler/article/details/1069927

[68] 杨国青．基于模型驱动的汽车电子软件开发方法研究 [D]．杭州：浙江大学，2006

[69] 葛琴．分组密码算法专用描述语言的研究与实现 [D]．西安：西安电子科技大学，2009

(第二篇终)

[70] 王红军. 基于 EM - PLANT 的 FMS 仿真建模技术研究 [J]. 北京机械工程学会 2006 年优秀论文集, 2006, 6 (1): 124 ~ 127
[71] 王冰冰, 王海龙. AVIDM 向制造延伸——航天制造企业信息化整体解决方案 [J]. 航天制造技术, 2007, 2 (1): 20 ~ 27
[72] 姜海丽. AVIDM 在航天企业中的应用 [J]. 现代制造工程, 2005, 11 (1): 47 ~ 49
[73] 董鹏, 张全水, 陈杰. ERP 发展趋势探析 [J]. 中国勘察设计, 2012, (8): 62 ~ 65
[74] Rosenfeld, A. , and Kak, A. C. , Digital Picture Processing, Two volumes. New York: Academic Press1982. ISBN 0 - 12 - 597301 - 2. BibRef 8200 Earlier: First edition, New York: Academic Press1976
[75] 章毓晋. 图像工程 (上册): 图像处理 [M]. 北京: 清华大学出版社, 2012
[76] http: //finance. youth. cn/finance_ gdxw/201409/t20140903_ 5704778. htm
[77] 张汗灵, 郝重阳. 基于图形与图像的混合绘制技术 [J]. 计算机工程与应用, 2003, 39 (8): 101 ~ 104
[78] 汪启伟. 图像直方图特征及其应用研究 [D]. 合肥: 中国科学技术大学, 2014
[79] 逄浩辰. 彩色图像融合客观评价指标研究 [D]. 北京: 中国科学院研究生院, 2014
[80] 朱虹. 数字图像技术与应用 [M]. 北京: 机械工业出版社, 2011
[81] 韩培友, 董桂云. 图像技术 [M]. 西安: 西北工业大学出版社, 2009
[82] 李俊山, 李旭辉. 数字图像处理 [M]. 北京: 清华大学出版社, 2007
[83] http: //www. 360. cn/
[84] http: //www. ijinshan. com/
[85] http: //www. rising. com. cn/
[86] http: //anquan. baidu. com/shadu
[87] 万静. 规范计算机安全软件管理刻不容缓 [N]. 法制日报, 2014 - 03 - 11
[88] 徐建华. 国产信息安全软件迎来新机遇 [N]. 中国质量报, 2014 - 08 - 15
[89] 姜姝. 企业安全成为信息安全短板 [N]. 中国电脑教育报, 2013 - 03 - 11
[90] 潘承恩. 浅谈杀毒软件的杀毒原理 [J]. 电脑知识与技术, 2005, (9): 40 ~ 42
[91] 2013 八大免费杀毒软件 [J]. 计算机与网络, 2013, (2): 20 ~ 21
[92] 关欣, 朱冰, 陈震, 等. 基于特征码病毒扫描技术的研究 [J]. 信息网络安全, 2013, (4): 8 ~ 13
[93] 张永铮, 肖军, 云晓春, 等. DoS 攻击检测和控制方法 [J]. 软件学报, 2012, 23 (8): 2058 ~ 2072
[94] 任伟. 软件安全 [M]. 北京: 国防工业出版社, 2010
[95] 龚晓峰. 软件百问 [M]. 北京: 中国经济出版社, 2003
[96] 加里 · 斯奈德, 詹姆斯 · 佩里著. *Electronic Commerce* [M]. 成栋, 译. 北京: 机械工业出版社, 2002

[97] 陈启申. ERP——从内部集成起步［M］. 北京：电子工业出版社，2004
[98] 白梅. ERP 的发展及趋势［J］. 中国科技博览，2011，(35)：5~6
(第三篇终)
[99] 柯林，白勇军. 移动商务理论与实践［M］. 北京：北京大学出版社，2013
[100] 梁晓涛，汪文斌. 移动互联网［M］. 武汉：武汉大学出版社，2013
[101] 亨利·布洛格特（Henry Blodget）. 移动互联网的未来［J］. 北京：清华大学出版社，2013
[102] http：//vdisk. weibo. com/s/BDzXcCExDGeYN
[103] 刘云浩. 物联网导论［M］. 北京：科学出版社，2010
[104] 朱晓荣，齐丽娜，孙君. 物联网与泛在通信技术［M］. 北京：人民邮电出版社，2010
[105] 马建. 物联网技术概论［M］. 北京：机械工业出版社，2013
[106] 吴功宜，吴英. 物联网工程导论［M］. 北京：机械工业出版社，2012
[107] 凌志浩. 物联网技术综述［J］. 自动化博览，2010，(1)：11~14
[108] 孙其博，刘杰，黎葬. 物联网概念、架构与关键技术研究综述［J］. 北京邮电大学学报：自然科学版，2010，(06)：1~12
[109] 廖国胜，孙雨轩. 物联网在民用机场围界防入侵系统中的应用［M］. 民航科技，2010（3）：66~71
[110] 工信部电信研究院. 物联网白皮书［J］. 中国公共安全：综合版，2012，（1）：138~143
[111] GSMA，From concept to delivery：the M2M market today. 国家电网报，2014
[112] 李德毅. 云计算技术发展报告［M］. 北京：科学出版社，2013
[113] 陆平，李明栋，罗圣美，等. 云计算中的大数据技术与应用［M］. 北京：科学出版社，2013
[114] 尹沿技. 智慧中国——中国 IT 产业投资路线图. 上海：上海财经大学出版社，2012
[115] 雷万云. 云计算技术平台及应用案例. 北京：清华大学出版社，2011
[116] 蔺华，杨东日，刘龙庚. 大师访谈云计算. 北京：电子工业出版社，2011
[117] 郎为民. 大话云计算. 北京：人民邮电出版社，2012
[118] http：//zh. wikipedia. org/wiki/云计算
[119] http：//baike. baidu. com/view/1316082. htm
[120] http：//en. wikipedia. org/wiki/Cloud_ computing
[121] http：//www. 36kr. com/topics/2725
[122] www. ciotimes. com
[123] 工业和信息化部电信研究院. 云计算白皮书（2014 年）［M］. 北京：2014
[124] 刘锋. 互联网进化论［M］. 北京：清华大学出版社，2012

[125] 周宝曜，刘伟，范承工. 大数据 [M]. 北京：电子工业出版社，2013

[126] 李德伟，顾煜，王海平，等. 大数据改变世界 [M]. 北京：电子工业出版社，2013

[127] 维克托迈尔·舍恩伯格，肯尼思库克耶. 大数据时代 [M]. 杭州：浙江人民出版社，2013

[128] 杨巨龙. 大数据技术全解 [M]. 北京：电子工业出版社，2014

[129] 郭昕，孟晔. 大数据的力量 [M]. 北京：机械工业出版社，2013

[130] 徐子沛. The Big Data Revolution [M]. 桂林：广西师范大学出版社，2013

[131] (爱尔兰) Carlos Andre Reis Pinheiro，漆晨曦，等译. 社交网络分析及案例详解 [M]. 北京：人民邮电出版社，2013

[132] Zoya Lgnatova. DNA 计算模型 [M]. 北京：清华大学出版社，2010

[133] 刘伟洋，于海峰，薛光明. 超导量子比特与量子计算 [J]. 物理教学，2013，35 (7)：2~5

[134] Feynman R P. *Simulating physics with computers* [J]. Int J Theor Physics，1982，(21)：467

[135] Feynman R P. *Quantum mechanical computer* [J]. Optical News，1985，11 (2)：11~20

[136] Deutsch D. *Quantum theory, the church turing principle and universal quantum computer* [J]. Proc R Soc London1，985A，400：97

[137] Divincenzo D P. *Quantum computation* [J]. Science，1995，(270)：255~261

[138] Shor P W. *Algorithms for quantum computation: discrete logarithms and factoring* [A]. 35*th Annual Symposium on Foundation of Computer Science: Proceeding* [C]. IEEE Computer Society Press，1994

[139] *Grover L K. Phys. Rev. Lett.* 1997，79：325~328

[140] 陈洪光，沈振康. 量子计算及量子计算机 [J]. 光电子技术与信息，2003，16 (2)：5~8

[141] 周正威，涂涛，龚明，等. 量子计算的进展和展望 [J]. 物理学进展，2009，29 (2)：127~164

[142] 李承祖. 量子通信和量子计算 [M]. 长沙：国防科技大学出版社，2000

[143] 戴葵. 量子信息技术引论 [M]. 长沙：国防科技大学出版社，2001

[144] Einstein A，Podolsky B，Rosen N. *Can quantum-mechanical description of physical reality be considered complete?* [J]. Phys Rev，1935，47：777~780

[145] 酷时代 Science in 24 hours 编辑部. 一脚踏进量子计算圈 [J]. 科学 24 小时，2014，2：44

[146] 汤双. 量子计算的昨天、今天和明天 [J]. 博览群书，2013，(7)：53~56

[147] http：//www. cas. cn/ky/kyjz/200712/t20071224_ 1027145. shtml

[148] 林雄，林帅. 量子计算与量子计算机展望 [J]. 微型机与应用，2012，31 (22)：4 ~6

[149] 桂运安. 中科大量子计算研究取得重要进展 [N]. 安徽日报，2014 - 02 - 19 (001)

[150] 姚期智. 量子计算发展中的伟大科学——记姚期智教授“21 世纪计算”大会主题演讲，2011

[151] 工业和信息化部电信研究院. 2013 中国智能语音产业发展白皮书 [M]，北京：2013